改訂版 シミュレーションのはなし

●転ばぬ先の杖

大村 平 著

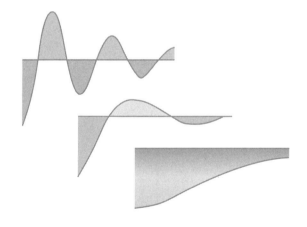

日科技連

ま　え　が　き

　いまでは,「シミュレーション」は完全に日常用語のひとつです.
しかも, 新しいハイカラな単語なので, 歯切れのいいイントネー
ションと相まって, 耳に心地よく響きます.「シミュレーションに
よれば……」という枕言葉が, そのあとにつづく論法や結論をぐっ
と引き立ててしまうくらいです.

　いうまでもなく, シミュレーションは現代の自然科学や社会科学
を支える重要な手法のひとつです. それだけに, 言葉の魔力に酔う
のではなく, シミュレーションの本質を掛け値なく理解しておかな
いと, 自然科学や社会科学の動向についての判断を損ねてしまいか
ねません.

　シミュレーションは, もとはといえば, 単なる模擬実験です. そ
れは本格的な実験に付随する費用, 期間, 危険などを軽減するため
の補助手段であり, 代用品にすぎませんでした. もちろん, 代用品
であること自体に大きな価値があり, そのことがシミュレーション
の価値をいささかも減ずるものではありませんが, 代用品であるが
故に本物を上廻ることができない宿命をしょっていたことも事実で
す.

　ところが, コンピュータの桁はずれの計算能力を利用したシミュ
レーション技術が開発されるにつれて, シミュレーションは本格的
な実験の代用品ではなく, 本格的な実験そのものに変貌しつつあり

ます．それどころか，実験というよりは未知の世界に挑戦するための先駆的な役割をさえ担いはじめたのです．

表現を変えてみるなら，いままでの人類は物真似をしながら学習し進歩してきたのですが，いまや，シミュレーションで未来を先取りしながら前進をつづける時代にはいったと言えないこともないでしょう．

この本は，シミュレーションの技法に関しては非常に初歩的な入門書にすぎません．それでも，シミュレーションの持つ本質的な性格と，時代を先取りする先駆的な技術に変貌しつつある一面をしっかりと見据えてペンを運びたいと思います．その結果，少しでも社会に貢献することができれば望外の喜びです．

最後に，このような本を世に出す機会を私に与えていただいた日科技連出版社の方々，とくに，いつも私と苦楽を分け合ってくださる山口忠夫課長，本作りに知恵と精を出していただいた千田敬一さん，また，原稿の整理その他に協力してくれた梶田美智子さんに，この場を借りてお礼を申し上げます．

　平成 3 年 7 月

大　村　平

この本の初版が出版されてから，早や 30 年近い歳月が過ぎました．その間に，社会環境などが大きく変化したため，文中の題材や表現に不自然な箇所が目につくようになってきました．そこで，そのような部分を改訂させていただきました．

初版の当時，"なぜ，いまシミュレーションか"というスタンス

で書いていましたが，これについては，今でも変わらないと思っています．いや，変わらないどころか，コンピュータの目ざましい発展によってシミュレーションが高度化したため，今後その重要性は，さらに増すことでしょう．また，一般的には娯楽用と捉えられるシミュレータも高度化し，子ども騙し程度ではなくなりました，さらには．シミュレータアプリまで登場する時代になりましたから，身近になったことも推して知るべし，です．

はなしシリーズの改訂版も，この本で 21 冊を数えるまでになりました．いままで，思いもかけないほど多くの方々に取り上げていただきましたが，これから先も，このシリーズが多くの方々のお役に立てるなら，これに過ぎる喜びはありません．

なお，改訂にあたっては，煩雑な作業を出版社の立場から支えてくれた，塩田峰久取締役に深くお礼申し上げます．

令和元年 8 月

大　村　　平

目　　次

まえがき ………………………………………………………………… *iii*

1. シミュレーションあれこれ ……………………………… *1*

原始的な方法ではダメ　　*2*

頭を使ってもダメ　　*7*

それなら実験してみる　　*9*

代用品で実験してみる　　*12*

これがモンテカルロ法　　*15*

身近なシミュレーション　　*18*

戦いのシミュレーション　　*20*

風のシミュレーション　　*27*

シミュレーション発展の理由　　*29*

シミュレーションは神の声か　　*33*

2. シミュレータさまざま ……………………………………… *36*

メカのシミュレーション　　*37*

エレキによるシミュレーション　　*39*

アナログシミュレータ　　*44*

疑似体験さまざま　　*48*

飛行機操縦のシミュレータ　　*50*

臨場感を生むテクニック　　*53*

シミュレータの利点　　*57*

シミュレータの限界　　*60*

3. モンテカルロシミュレーション

—— その1. 乱数の正体を見る —— ·································· 67

帰って来ない酔っぱらい　　*68*

モンテカルロでランダムウォーク　　*72*

確率を作る小道具　　*77*

乱数を作るサイコロ　　*82*

ランダムが身上の乱数　　*85*

平方採中法で乱数を作る　　*87*

線形合同法で乱数を作る　　*90*

一様分布の乱数　　*93*

指数分布の乱数　　*96*

正規分布の乱数　　*101*

4. モンテカルロシミュレーション

—— その2. 手作業でやってみる —— ·································· 107

帰ってくるか酔っぱらい　　*108*

帰ってきた酔っぱらい　　*114*

まず初期条件を決める　　*119*

ランダム到着のシミュレーション　　*122*

モンテカルロで π を求める　　*127*

目　次　　　**ix**

モンテカルロで積分する　*132*

モンテカルロシミュレーションの精度　*136*

回数，回数，とにかく回数　*139*

5. モデルが決め手 ································· *145*

なにが悪かったのか　*146*

モデルがシミュレーションの成否を分ける　*152*

まず，本質を見抜く　*156*

そして，煎じつめる　*159*

理屈でモデルを作る　*163*

経験でモデルを作る　*168*

モデルを検証する　*172*

最後に珍問を　*174*

6. コンピュータ・シミュレーション ················· *177*

これはシミュレーションか　*178*

これならシミュレーション　*180*

コンピュータによる風洞実験　*183*

解析的に解けば　*185*

数値的に解けば　*189*

数値計算で最適の答えを見つける　*195*

解析的に解けなくても数値計算はできる　*201*

有限要素法で計算する　*204*

コンピュータが不可能な数値計算を可能にした　*208*

これぞ，コンピュータ・シミュレーション　*211*

モンテカルロをコンピュータで　　217

シミュレーション・ゲーム　　220

シミュレーションの効用　　223

シミュレーションの限界　　226

付録(1)　88ページの乱数の χ^2 検定　　231

付録(2)　ビュフォン(Buffon)の針　　232

付録(3)　お見合い作戦のモンテカルロシミュレーション　　234

付録(4)　乱数表　　236

まんが　吉田　　聡

1. シミュレーションあれこれ

私たちは昔からたくさんの模擬実験（シミュレーション）を行なってきました．間取り図の中にミニチュア家具を並べて住み心地を検討したり，各チームの旗手だけが参加して入場式の予行を行なうなど，シミュレーションしているなどと意識することなく，私たちの生活の知恵として根づいていたのです．

ところが近年になって，シミュレーションは高級で科学的な手法のように言われるようになりました．どうやらこれは，生活の知恵として付き合ってきたシミュレーションとはひと昧ちがうような気がします……．

原始的な方法ではダメ

少々きわどい話題で「シミュレーションのはなし」の幕をあける
ことをお許しください.

昔は日本の各地にあった風習らしいのですが，祭の夜，踊りの最
中に突然すべての灯りが消され，手探りで身近な異性を捜しあて，
二人ずつのペアで森の中へはいっていく……森の中でなにをなさる
のかは存じませんが，ま，そういうことが許されていた時代があっ
たようです.

ある地方の祭の夜，13 組の夫婦が入り乱れて踊り狂っている最
中に，突然すべての灯りが消され，漆黒の闇の中で，この神聖な儀
式が始まったと思っていただきましょう. こういう場合，男たちの
中にはせっかくのチャンスだから自分の妻以外の女性と，と不埒な
ことを期待するむきも少なくないようです. また，女性の中にもそ
ういう期待を持つ人もいるとかいないとかの説もありますが，なに
しろ暗闇の中ですから，どんな異性に当たるかはまったくの運次第
です.

そこで問題です. 漆黒の闇の中で偶然できた 13 組のペアの中に，
1 組も夫婦が含まれていない確率はどのくらいでしょうか. 言いか
えれば，すべての男女が夫や妻以外の異性とペアを組んでしまう確
率はどのくらいでしょうか.

13 組の夫婦を解体してくじ引きで新しい 13 組のペアを作ったと
き，その中に本当の夫婦が含まれない確率をいきなり計算するのは
むずかしすぎるので，簡単な場合から考えていきます. まず，1 組
の夫婦を解体して新しいペアを作るときには，亭主がいくら不埒な

期待を抱こうとも女性は妻しかいないのですから，否も応もありません．再び夫婦でペアを作るほかないので，新しいペアの中に夫婦を含まない確率はゼロです．

では，2組の夫婦がいるときにはどうでしょうか．A氏はA夫人かB夫人とペアを組むことになりますが，どちらと組むかはそれぞれ50%ずつです．A氏がB夫人とペアを組めば自動的にB氏はA夫人とペアを組みますから，したがって1組も夫婦のペアができない確率は50%です．

1組の夫婦なら，夫婦を解体して作った新しいペアの中に夫婦を含まない確率はゼロでした．2組の夫婦ならそれが50%に増えたのでしたから，きっと，夫婦の組数がふえるにつれて，すべての男が妻以外の女性と組む確率が増大するにちがいありません．女性の数が多くなれば幸か不幸か自分の妻に当たる確率は減りますから，誰もが妻以外の女性とペアを組む確率が増えるのは，あたりまえのことのように思えます．

この調子でいくと，3組の男女の場合にはどのペアも夫婦ではない確率が70%くらいに上昇するのではないかと予想しながら調べてみると，意外な事実に遭遇するのです．表1.1をごらんください．

A氏の夫人をa，B氏の夫人をb，C氏の夫人をcで表わし，A，B，Cの3人の男性に，a，b，c3人の女性を割り当ててみました．ケース1ではAにa，BにB，Cにcを割り当て

表1.1　3組の男女の組合せ

殿方＼ケース	1	2	3	④	⑤	6
A	a	a	b	b	c	c
B	b	c	a	c	a	b
C	c	b	c	a	b	a

4

ましたから，3組とも元々の夫婦です．ケース2ではAにa，Bにc，Cにbを組み合わせましたので，Aとaだけが夫婦です．このように3人の男性と3人の女性の組合せ方を列挙してみると，表1.1のケース1からケース6までの6とおりがあることがわかります．そして，6とおりしかありません．*

さて，これら6つのケースを調べてみると，ケース4とケース5だけが夫婦の組合せを含んでいないことがわかります．したがって，3組の夫婦を分解ででたらめに新しい3組のペアを作ったとき，その中に夫婦のペアが含まれない確率は

$$2/6 ≒ 33.3\%\qquad\qquad(1.1)$$

なのです．70%くらいには上昇するのではないかとの私たちの予想は，見事に裏切られていました．

考えてみれば，男の数が多くなると自分の妻に当たる男ができやすくなるので，すべての殿方が妻以外の女性に当たる確率が減少するのは，これもまた，あたりまえのことのように思え，頭が混乱してきそうです．いったい，男女の組数が増すにつれて，夫婦のペアを含まない確率は増加するのでしょうか．減少するのでしょうか．

この辺でもたもたしているようでは，漆黒の闇の中で偶然にできた13組のペアの中に1組も夫婦のペアが含まれない確率など，見当のつけようもありません．

---

    *　異なる，n個のものを1列に並べる並べ方の数(順列の数)は$n!$です．したがって

            3人の女性の並べ方は　　$3 × 2 × 1 = 6$とおり

            4人の女性の並べ方は　　$4 × 3 × 2 × 1 = 24$とおり

            13人の女性の並べ方は　$13 × 12 × \cdots × 1 = 6,227,020,800$とおり

1. シミュレーションあれこれ **5**

　そこで，もうひとがんばり，4 組の夫婦を解体して 4 組のペアを作る場合を調べてみることにしましょう．こんどは，あまり簡単ではありません．なにしろ，4 人の女性の並べ方が 24 とおりもあるからです．めげずに殿方とご婦人のすべての組合せを一覧表にしてみたのが表 1.2 です．

表1.2　4 組の男女の組合せ

殿方 ＼ ケース	1	2	3	4	5	6	7	⑧	9	⑩	⑪	12	13	⑭	15	16	⑰	⑱	⑲	20	21	22	㉓	㉔
A	a	a	a	a	a	a	b	b	b	b	b	b	c	c	c	c	c	c	d	d	d	d	d	d
B	b	b	c	c	d	d	a	a	c	c	d	d	a	a	b	b	d	d	a	a	b	b	c	c
C	c	d	b	d	b	c	c	d	a	d	a	c	b	d	a	d	a	b	b	c	a	c	a	b
D	d	c	d	b	c	b	d	c	d	a	c	a	d	b	d	a	b	a	c	b	c	a	b	a

　調べてみると 24 とおりの組合せのうち，1 組も夫婦のペアを含んでいない組合せは

　　　ケース　8，10，11，14，17，18，19，23，24

の 9 とおりです．したがって，4 組の夫婦をばらばらにして新しくでたらめに 4 組のペアを作ったとき，1 組も夫婦のペアが含まれない確率は

　　　9/24 = 37.5%　　　　　　　　　　　　　　　　　(1.2)

にちがいありません．

　夫婦の組数を 1，2，3，4 と増加させるにつれて，新しいペアの中に夫婦を含まない確率は

　　　0，50，33.3，37.5%

と変化することがわかりましたが，これはずいぶん奇妙な数列で

す．いったい，組数がもっと増えると，この数列はどのように推移
し，13組の夫婦の場合にはどのくらいの確率になるのでしょうか．
数列の値が跳んだりはねたりしながら，先のほうでは35%くらい
に落ち着きそうにも思えますが，ほんとうにそうなるという自信は
湧きません．どうも，よくわかりません．

　自信が湧かなければ，夫婦の組数を5，6，……と増やして数列
の推移を観察するか，あるいは一挙に13組の場合を調べてしまえ
ばよさそうなものですが，これがうまくいかないのです．5人の女
性の並べ方は120とおり，6人の女性の並べ方は720とおりもあり
ますから，5組や6組の夫婦から新しいペアを編成したときに，夫
婦のペアを含まない確率を表1.2のようなやり方で求めるには，た
いへんな作業を必要とします．まして，13組に挑戦するには

　　　　6,227,020,800 とおり

もの組合せを書き並べて点検しなければなりません．1つのケース
を書き上げて，その中に夫婦が含まれているかどうかの点検が1分
でできるとしても，すべてのケースの点検を完了するには，連日連
夜ぶっつづけでがんばっても約1万2千年もかかりますから，現実
問題として実行は不可能です．

　だったらコンピュータを使えばいいじゃないか，そう言われる方
もいらっしゃるでしょう．しかし，いかにコンピュータといえど
も，現実的な時間のなかで答えを見つけることは容易ではありませ
ん．したがって，このような問題を解くためにコンピュータを使う
のは，あまり適当な方法とは思えません．

頭を使ってもダメ

「13組の夫婦をごちゃまぜにして新しく13組のペアを作ったとき，その中に夫婦のペアを含まない確率」を，起こり得るすべてのケースを点検するという原始的な方法で求めてみようとしたのですが，うまくいきませんでした.

　そこで，原始的な作業ではなく，頭を使って理論的に確率を求めてみようと思うのですが，これも一筋縄ではいきません．つぎのように考えてみてください．13人の殿方 A，B，C，……，M を一列に並べておき，まず，13人のご婦人 a，b，c，……，m の中からくじびきで1名を選んで殿方 A にあてがいます．新しいペアに夫婦が含まれないためには，そのご婦人が a(A の夫人)以外の方でなければならず，その確率は

$$\frac{12}{13} \tag{1.3}$$

です.

　つぎに，残りの12人のご婦人の中からくじびきで1名を選んで，殿方 B にあてがいます．このご婦人は，b 以外の方である必要があります．その確率はいくらでしょうか．残りの12人のうち b 以外の方ならいいのだから，確率は 11/12 などとやってはいけません．もしも A のところに b が振り当てられていたら，残りの12人はすべて b 以外の方だからです．したがって，A には a 以外のご婦人が，さらに B には b 以外のご婦人が配分される確率は

　　　A に ab 以外で，B に b 以外の確率

　　　＋A に b で，B に b 以外の確率

$$= \frac{11}{13} \times \frac{11}{12} + \frac{1}{13} \times \frac{12}{12} = \frac{133}{156} \tag{1.4}$$

なのです．ややこしいですね．この手の確率計算は錯覚を起こしてまちがいやすいので，いじの悪い入学試験などによく出される問題のひとつです．

　同じように気をつけながら，A には a 以外のご婦人が，B には b 以外のご婦人が，さらに C には c 以外のご婦人があてがわれる確率を考えてみてください．それは，

　　A に abc 以外で，B に bc 以外で，C に c 以外の確率
　＋A に abc 以外で，B に c で，C に c 以外の確率
　＋A に b で，B に bc 以外で，C に c 以外の確率
　＋A に b で，B に c で，C に c 以外の確率
　＋A に c で，B に bc 以外で，C に c 以外の確率

$$= \frac{10}{13} \times \frac{10}{12} \times \frac{10}{11} + \frac{10}{13} \times \frac{1}{12} \times \frac{11}{11}$$

$$+ \frac{1}{13} \times \frac{11}{12} \times \frac{10}{11} + \frac{1}{13} \times \frac{1}{12} \times \frac{11}{11}$$

$$+ \frac{1}{13} \times \frac{11}{12} \times \frac{11}{11} = \frac{1352}{1716} \tag{1.5}$$

というわけです．

　それでは，A には a 以外の，B には b 以外の，C には c 以外の，さらに D には d 以外のご婦人が当てがわれる確率は……，もうやめましょう．大脳皮質が熱をおびて頭が混乱するばかりです．こんな調子では，とても A から M までの 13 人の殿方がそれぞれ妻以外のご婦人とペアを作る確率を計算することなど，思いも及びません．

それなら実験してみる

13組の夫婦を解体して改めてくじびきで13組の男女ペアを作ったとき，その中に夫婦のペアを1組も含まない確率を求めようとして四苦八苦しているところでした．まず，新しく誕生する13組のペアのあらゆるケースを書き上げて，その中から夫婦のペアを含まないケースを洗い出すという原始的な作業によって確率を求めるのは，手作業では1万2千年もかかりますから，現実問題として実行不可能です．そこで，頭を使って確率を理論的に計算してみようと試みたのですが，計算の過程がすごく複雑で大脳皮質が熱くなり，最後まで間違えずに計算することなど，できそうにもありませんでした．もはや絶望なのでしょうか．

いや，絶望してはダメです．絶望とは愚者の結論である（ベンジャミン・ディズレーリ）というではありませんか．とにかく，やってみましょう．実際にやるのです．つまり実験してみるのです．

親戚や友人を拝み倒して13組の夫婦に集まってもらってください．殿方の胸には1から13までの番号をつけます．つぎに，1から13までの数字を書いた13本のくじを13人の奥さま方に1本ずつひいてもらいます．奥さま方は自分のくじに書かれた数字と等しい番号をつけた殿方とペアを組んでください．さぁ，新しい13組のペアの中に，元々の夫婦が1組でもできているでしょうか．1組もできていなければ記録用紙に○を印し，1組でもできていれば×を印して，1回めの実験を終わります．

1回めの実験が終わったら，名残惜しいペアがあるかもしれませんが，直ちに13組のペアは解散してください．漆黒の闇の中で行

理屈でダメなら実際にやってみる

なわれるはずの神聖な儀式だけは省略したほうが無難です．13本のくじも回収して，よく混ぜ，2回めの実験にかかります．改めて13人の奥さまたちにくじをひいてもらい，くじの数字と同じ番号の殿方の脇に寄り添ってもらいましょう．そして，新しい13組のペアを観察して，1組も夫婦が含まれていなければ○印を，1組でも夫婦のペアが含まれていれば×印を記録して，2回めの実験を終わります．

こうして，色気のありそでなさそな実験を繰り返していくと，記録用紙には実験回数と等しい個数の○か×かが記録されていきます．簡単な実験ですから，13組の夫婦に1時間も付き合ってもらえば，20〜30個くらいの○か×が記録されるでしょう．かりに25個の記録が残り，その中の○が10個あったとすると，新しい13組のペアの中に夫婦のペアを含まなかった割合は

$$10/25 = 0.4 \tag{1.6}$$

です．これは，私たちが追求している確率から突拍子もなく外れてはいないでしょう．こうして，机の上の計算や作業では手も足も出なかった「13組に夫婦のペアを含まない確率」に，なんとか目安をつけることができました．あとは実験の回数を増していくにつれて，真実の確率に限りなく近い値を知ることができるにちがいありません．

とはいうものの，たとえ男女が入り乱れて寄り添ったり腕を組んだりするとはいえ，このような実験に30回も50回も付き合わされると，いいかげん嫌気がさしてきます．100回も付き合わされようものなら，いくら親友の頼みでもうんざりしてしまうでしょう．そこで，生きているうちに頭を使うことにします．

考えてみると，13人の殿方は胸に番号を付けてじっとしているだけでした．心の中では，つぎはどの女性がきてくれるかと期待したり，恐れたりしていたかもしれませんが，心の動きは夫婦のペアを含まない割合になんの影響も及ぼしませんから，結局のところ殿方はなにもしていないのです．それなら殿方にはお引き取り願って，番号を書いた立札かなにかで代用できるはずです．

いっぽう，13人のご婦人のほうはどうでしょうか．夫婦のペアを含む確率に影響するのは，どのご婦人がどの殿方の妻であるかということと，13人のご婦人がでたらめに13人の殿方に割り振られるということの2つだけです．この2つを満たしさえすれば，13人のご婦人はふっくらとした肉体と人格を備えた女性である必要はありません．殿方のほうを番号を書いた立札で代用してしまったくらいですから，ご婦人のほうもトランプのA，2，3，……，Q，K

の 13 枚のカードで代用してもいい理屈です．A（エース）のカードは 1 番の立札の妻，2 のカードは 2 番の立札の妻，……，K（キング）のカードは 13 番の立札の妻と，みなしてしまいましょう．

あとは 13 枚のカードを 13 本の立札にでたらめに割り付けて，同じ番号どうしのペアが含まれているかどうかを点検すれば，13 組のご夫婦に協力してもらった実験と同価値の実験ができようというものです．

代用品で実験してみる

この実験を私はつぎのようにやってみました．畳の縁のすき間を利用して，スペードの A（エース）から K（キング）までの 13 枚のカードを並べて立てました．これが 13 人の殿方の代用品です．それとは別に，ハートの A から K までの 13 枚を準備しました．これが 13 人の夫人たちの代用品です．ハートの A はスペードの A の夫人，ハートの 2 はスペードの 2 の夫人，……のつもりであることはお察しのとおりです．

ハートの 13 枚をよく混ぜてから，1 枚ずつ表を出してスペードの前に割り当てていきます．どこかでスペードの数字とハートの数字が一致してしまったら，それは夫婦のペアができてしまったことを意味しますから，実験は打ち切って記録用紙に×印を記録します．ハートの 13 枚をぜんぶスペードの前に割り当てても 1 組も数字が一致していなければ，記録用紙に○を印します．

こうして 1 回目の実験が終わったらハートの 13 枚を回収し，じゅうぶんによく混ぜてから 2 回目の実験に進んでください．実際にやってみると，13 枚のハートをよく混ぜるには，手のひらの中で

1. シミュレーションあれこれ

代用品で実験するほうが便利

きるより，畳の上に広げてかきまわすほうがいいようです．

それに，13人のご婦人たちの代用品としては，ハートの13枚を1組だけ使うより，ダイヤの13枚も，クラブの13枚も代用品として活用するほうが効率的です．私はさらに，別のトランプからも応援を頼んで10組の代用品を作り，実験に使った1組をつぎつぎに助手に渡してよくかき混ぜてもらい，じゅうぶんに混ぜられた別の組で実験を繰り返しました．こうすると，50回ぶんの実験をするのに助手と2人で20分もかかりません．またたく間に200回や300回ぶんの実験データが集められます．

表1.3は，私が実際に実験して得たデータです．50回まで実験を繰り返した時点で夫婦のペアを含まなかった割合は42%，さらに実験を追加して100回，200回，300回となるにつれて，その割合は37〜38%くらいに安定してきます．13組の夫婦を解体してくじ

表 1.3 代用品による実験データ

実験回数	夫婦のペアを含まなかった回数	その割合
50	21	0.420
100	38	0.380
150	56	0.373
200	76	0.380
250	95	0.380
300	112	0.373

びきで新しい13組のペアを作ったとき，その中に夫婦のペアを含まない確率は，きっと37〜38%くらいにちがいありません．こうして私たちは，机上の作業や計算では歯が立たなかった問題を僅かな時間で実証的に解くことに成功しました．

37〜38%などという曖昧な値では困る，もっと正確な値が欲しいという方は，さらに実験を積み重ねていけば，限りなく正しい値に近づいていくはずです．実験回数の増加につれてどのくらい正しい値に近づいていくかについては，140ページあたりで調べてみるつもりですが，厳密な数学の問題としてではなく，現実社会の問題としてみるなら，37〜38%という値はじゅうぶんに有用な値といえるのではないでしょうか．

それにしても，私たちは「13組」にこだわりすぎていたかもしれません．たまたまトランプにはAからKまで13個の値があるので，それを利用したいばかりに「13組」を題材にしてしまったのですが，このような実験のやり方は，組の数がいくつであっても同じです．たとえば，「10組」ならAから10までのカードを使えばいいし，「20組」ならハートのAから10までといっしょに，ダイ

ヤの A から 10 までのカードを 11 から 20 までの数字とみなして混ぜればいいでしょう.

また，トランプにこだわる必要もなく，偶然の作用を利用するための方法は数多く実用化されています．この本を読み進むにつれて，たくさんの方法に出逢っていただけるはずです.

これがモンテカルロ法

私たちは，「13 組の夫婦を解体して新しい 13 組のペアを作ったとき，その中に夫婦のペアを含まない確率」をトランプのカードを代用品として使う模擬実験によって求めたのですが，このような模擬実験を**シミュレーション**（simulation）といいます．simulate はもともと，「……のふりをする」，「……を装う」などの意味で，simulateillness なら仮病を使うこと，simulate diamond は模造ダイヤです．また，simulation は見せかけ，擬態（動物の形や色が他の物に似ていること），たぬき寝入りなどを意味しますが，おそらく模擬実験が最初に頭に浮かぶ意味でしょう．少なくとも日本でシミュレーションといえば，模擬実験を指すのがふつうでしょう.

ときどき，シミュレーションを間違ってシュミレーションと発音する方にお目にかかります．先日もテレビのニュースキャスターがシュミレーションと言っていたので驚きました．simulation のどこからも，シュミレーションという発音が出るはずはありませんね.

ところで，私たちが 13 組のペアについて実験してきたように，確率的な現象を相手にして偶然の力を借りながら行なうシミュレーションは，**モンテカルロシミュレーション**（Monte Carlo

16

simulation)と呼ばれます．**モンテカルロ法**(Monte Carlo method)
を用いて行なうシミュレーションのことですが，モンテカルロは国
営カジノで有名なモナコ公国の街の名前で，そこから名付けられた
ようです．コンピュータの設計やゲーム理論で名高いフォン・ノイ
マン(1903 ～ 1957)とスタニスワフ・ウラム(1909 ～ 1984)が1940
年代に行なった実験が最初だといわれていますが，連想のおもしろ
さといい，語呂のよさといい，傑出したネーミングのひとつではな
いでしょうか．

　これから先は，おまけです．「何組かの夫婦をごちゃ混ぜにして
新しい男女のペアを作ったとき，夫婦のペアを含まない確率」をき
ちんと計算してみると，表1.4のようになることがわかっています．
組の数が1，2，3，……と増えるにつれて，確率は跳んだりはね

表1.4　これが正確な値

組の数	夫婦のペアを含まない確率(%)
1	0.0000
2	50.0000
3	33.3333
4	37.5000
5	36.6666
6	36.8055
7	36.7857
8	36.7811
9	36.7879
10	36.7879
11	36.7879
12	36.7879
13	36.7879

たり増減を繰り返すのですが，増減の幅は次第にこきざみになり，10組を超えるあたりから 36.7879% に落ち着いてしまいます．* なんとも奇妙な性質ではありませんか．

　この問題は，その確率の奇妙さゆえに，確率に詳しい先生方の間ではよく知られています．もっとも，いまの例のように不謹慎な連想をさせるようでは気品に欠けるので，もっと上品ぶった例題として扱われます．

　たとえば，ホテルでパーティーの最中に停電になってしまったので，クロークが預かったコートを 1 人に 1 着ずつ手当り次第に渡したら，1 人も自分のコートが戻らない確率はいくら，とか，何通かの手紙を同数の封筒にでたらめに入れたとき，封筒の宛先と中身が 1 通も合致しない確率はどうか，とか，あるいは 1 から 10 までのカードをよく混ぜて伏せておき，1 枚めくるごとに 1，2，3，……と番号を唱えたとき，カードの数字と唱えた番号とが一度も合わない確率はいくらか，というようにです．いずれの場合もその確率は約 37%，おおざっぱに 1/3 と覚えておくと，なにかの時に役立つ

---

　* 36.7879% というのは，実は $1/e$ の値です．4 ページの脚注のように，異なる n 個のものを 1 列に並べる並べ方の数は $n!$ ですが，そのうち，1 組も夫婦のペアが含まれていない並べ方の数は $n!/e$ にもっとも近い整数になることがわかっています．したがって，n 組の夫婦をごちゃ混ぜにして新しい男女のペアを作ったとき夫婦のペアを含まない確率は

　　（$n!/e$ にもっとも近い整数）/ $n!$

であり，n が大きくなるとこの値は $1/e$ に収れんします．へんなところに e が現われましたが，e は

$$e = 1 + \frac{1}{1!} + \frac{1}{2!} + \frac{1}{3!} + \frac{1}{4!} + \cdots\cdots$$

で表わされますから，$n!$ とは因縁の深い数なのです．

かもしれません.

身近なシミュレーション

　シミュレーションは，いまや，外来語として定着していますが，この言葉が定着するだいぶ以前から，シミュレーションと呼ぶにふさわしい作業は私たちの身近でも日常的に行なわれていました．たとえば……

　10人くらいの社員が仕事をしている事務室に新入社員が2名ばかり配属されてくると同時に，新しいロッカーや事務機器なども運び込まれてきたと思っていただきましょう．いままででも決してじゅうぶんとはいえないスペースに，2人ぶんの机や椅子と新しいロッカーや事務機器まで入れようというのですから，たいへんです．そのうえ，社員どうしのコミュニケーションをはかりながら各人が落ち着いて仕事ができるように，また，部屋の出入りや立ち居振るまいにも不便のないように配慮しなければなりません．事務室の中をどのように配置換えしたらいいでしょうか．

　このような場合，机やロッカーなどの配置の仕方には無限に近い組合せがありますから，書類がいっぱいで重たいロッカーや机を実際に移動させながら，あれこれと検討するのはバカみたいです．配置が決まるまでに全員が疲れ果ててしまいそうです．

　そこで，方眼紙の上にでも1/20とか1/50くらいの縮尺で配置図を描きながら検討を重ねることになりますが，やってみると，これがまた，そう容易ではありません．机などの位置をほんの少しでも動かすためには，すでに書き入れた直線を消しゴムで消さなければ

1. シミュレーションあれこれ

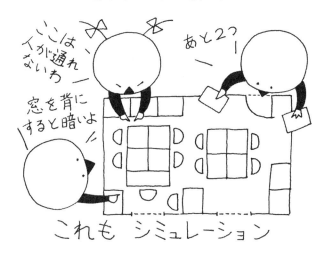

これも シミュレーション

なりませんから，試行錯誤を重ねるうちに方眼紙の上は消しゴムの屑だらけになってしまいます．おまけに，どの線が生き残っているのかも判然としないほど方眼紙が汚れてしまい，じゅうぶんな吟味も尽くさないうちに嫌になってギブ・アップです．

それなら，どうすればいいかというと，ことは簡単です．机やロッカーの縦と横の寸法を実測して，その1/20か1/50くらいの大きさに厚紙を切り取り，机やロッカーなどの代用品とするのです．そして，これらの代用品を同じ縮尺で描いた事務所の中に並べながら，いろいろな配置について良否を調べるのです．

こんどは机もロッカーも吹けば飛ぶような軽さですから，自由自在に移動したり並べ換えたりできます．いくら動かしても肉体的に疲労することはありません．そのうえ，いくら並べ換えても消しゴムの屑は出ないし，代用品の事務所も汚れませんから，納得するま

で額を集めて知恵を出し合うことができます．また，部屋の出入り
や立ち居振るまいに不便がないかどうかを，厚紙から切り出した人
間の代用品を動かしながら確認することも容易です．どうぞ，心ゆ
くまで吟味に吟味を重ねてください．

　この作業は，明らかに事務室内の配置換えのシミュレーションで
す．今では，おそらくパソコンを使って行なわれていると思います
が，かなり以前から，とり立てて意識することもなく，シミュレー
ションは行なわれていたのです．

　モンテカルロ法を中心にシミュレーションの技法が開発され，ま
たコンピュータの急速な進歩とも相まって，シミュレーションとい
う用語と概念が定着したのですが，私たちの身辺でも，昔からシ
ミュレーションは行なわれていたのです．

　もっとも，近年では，高性能コンピュータのパーソナル化によっ
て家庭でも多くのシミュレーションが可能になったため，昔とはず
いぶん趣が変わってはきましたが……．

戦いのシミュレーション

　各国の軍隊では，古くから指揮官や幕僚を訓練したり，立案した
作戦計画の有効性の検証や欠陥を見つけたりするために，盛んに
ウォーゲーム（war game）が行なわれてきました．実際の兵隊や大
砲，車輌，戦車，飛行機，艦船などの代用品として木製やプラス
チック製の駒を使い，大きな地図の上で駒を動かしながら，作戦行
動を模擬するのです．若い方の中には，コンピュータゲームでお馴
染みの方も多いのではないでしょうか．

1. シミュレーションあれこれ   **21**

　ウォーゲームにはいろいろなやり方がありますが，大別すると敵と味方に別かれて実戦さながらに勝ち負けを競い合うものと，指導者が訓練にふさわしい問題を与えながら行なわれるものに分けられるでしょう．

　では，思いっきり単純にした一例をやってみましょう．2 人がそれぞれ白軍と黒軍の大将になって白軍と黒軍を戦わせることにします．2 人は別々の部屋に入れられます．両方の部屋には同じ地図が拡げられ，その地図には 18 km 離れて対峙する両軍の砦と，2 つの砦を結ぶ 1 本の道路と，道路の両側に拡がる草原とが描かれています．さらに，白軍の部屋の地図には白軍の砦の上に 6 個の白駒が置かれていて，黒軍の部屋の地図には黒軍の砦の上に 6 個の黒駒が置いてあります．24 ページの図 1.1 のいちばん上の地図のようにです．これらの駒は，1 個が 100 人の兵隊を代用しているとでも考えておいてください．

　戦闘開始に先立って審判員から，白に対しては黒の砦のところに 6 個の黒駒があるむね，また，黒に対しては白の砦の上に 6 個の白駒があるむね教えられると同時に，戦いのルールがつぎのように説明されます．

  (a)　白の大将は白駒のみを，黒の大将は黒駒のみを移動させることができます．

  (b)　移動の速さは，つぎのとおりです．

　　　　　道路なら　5km/ 時　以下

　　　　　草原なら　3km/ 時　以下

  (c)　敵との距離がつぎの値になったら，敵に発見されます．

　　　　　道路にいるときは　　2km 以下

　　　　　草原にいるときには　1km 以下

(d)　駒は1個ずつばらばらに動かしてもいいし，なん個かを
　　いっしょにして動かしてもかまいません.

(e)　味方と敵が互いに相手を発見できる距離に近づいたら遭遇
　　戦が行なわれます. 遭遇戦はその場にある両軍の駒の数に
　　よって確率的に勝敗が決まるものとし，その確率は表1.5の
　　とおりです. これは，兵力の多いほうが有利ではあっても，
　　兵力の多いほうが確実に勝つとは限らないという実戦の経験
　　に基づいています. そして，遭遇戦に敗れた駒は地図の上か
　　ら取り除かれます.

(f)　最初に相手の砦を占領したほうを勝ちとします. 同時に相
　　手の砦を占領した場合は引き分けとします.

　さあ，戦闘開始です. あなたが一方の大将なら，どのような作戦
で臨みますか. 6個の駒を攻撃と守備にいくつずつ配分しましょう

表1.5　遭遇戦に勝つ確率

		敵	の	駒	数		
		1	2	3	4	5	6
味方の駒数	1	3/6	1/6	0/6	0/6	0/6	0/6
	2	5/6	3/6	2/6	1/6	1/6	0/6
	3	6/6	4/6	3/6	3/6	2/6	1/6
	4	6/6	5/6	3/6	3/6	3/6	2/6
	5	6/6	5/6	4/6	3/6	3/6	3/6
	6	6/6	6/6	5/6	4/6	3/6	3/6

この表は，敵に3倍以上の兵力をぶつければ確実
に勝てるし，2倍以上の兵力をぶつければ5/6の
確率で勝てるという考え方で作られています.

か．遊撃隊を作って，相手の様子がわかるまで攻撃にも守備にも振り向けられる位置に遊ばせておく手もありそうです．攻撃軍は始めのうちは道路上を前進させ，途中から草原を進んで発見されないように配慮するのも良策かもしれません．いずれにしても，たくさんの作戦が考えられて迷うばかりです．

　そこで，実戦の一例をご紹介しましょう．白の大将は勇猛果敢型．守備には1駒も残さず，全力をあげて道路上を疾風のごとく前進し，敵の砦を叩き潰す作戦をとりました．これに対して，黒の大将は堅実型．攻撃と守備に3駒ずつを割り当て，守備の3駒は黒の砦に残しました．表1.5の約束によって，敵の4駒が攻めてきても3駒の守備隊で互角に戦えるからです．そして，攻撃の3駒は草原を前進させ，こちらが発見されるより前に敵を発見して，最善の対応をしようという作戦です．

　こういうわけですから，審判員から「作戦開始．1時間ぶんだけ駒を移動せよ」と指示があったとき，白は6駒を道路に沿って5kmだけ前進させたのに対して，黒は3駒を砦に残し，3駒は草原を3kmだけ前進させました．その状況が図1.1の上から2段めです．互いにまだ相手を発見していないので，白の大将の地図には白駒だけ，黒の大将の地図には黒駒だけが置かれていて，互いに相手の手のうちはわかりません．

　つづいて審判員から「さらに1時間ぶんだけ駒を移動せよ」と指示がありました．勇猛果敢な白の大将は，道路上の6駒をさらに5km前進させます．これに対して堅実型の黒の大将は，草原の中の3駒を3kmだけ前進させました．この時，審判員が黒の大将の部屋に現われて，白駒6個を白の砦から10km離れた道路上に置き

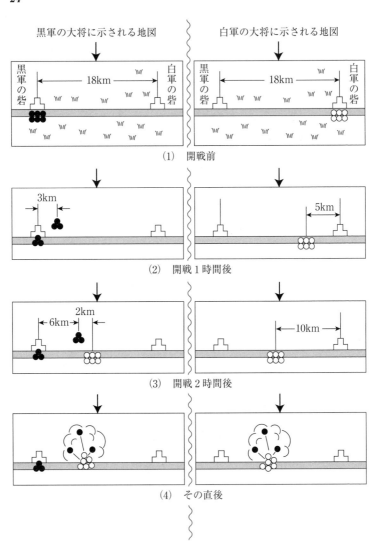

図 1.1　白軍と黒軍のウォーゲームの推移

ました．白の6駒と黒の3駒の距離が2km に縮まったため，ルール (c) にしたがって黒が道路上の白を発見したのです．白は草原の中にいる黒をまだ発見していません．この状況は図1.1 の上から3段めのとおりです．

黒は作戦どおり，敵に発見される前に敵を発見することができました．成功です．ところが，敵を見てびっくりしました．なんと，6駒もの大軍が一挙に攻めてきたではありませんか．このままでは，あと2時間もしないうちに砦に残った3駒の守備隊に敵の6駒が襲いかかり，5/6 の確率で守備隊は潰滅し，砦が占領されてしまいます．どうしたらいいでしょうか．

黒の大将は困り果てました．砦まで引き返して守備隊と合流し，6駒対6駒の対決に持ち込もうにも，草原を迂回して引き返したのでは，2時間以上もかかるから間に合いません．かといって，道路上に現われて引き返そうとすれば敵に発見されます．これは，3駒対6駒の遭遇戦を意味するので，3駒対6駒では勝つ確率は 1/6 しかありません．それでも，なにもしないよりは，ましです．黒の大将は3駒対6駒の決戦を挑む覚悟を決め，つぎに審判員から移動の指示があったとき，3つの黒駒を道路上に移動させました．ここで，白軍も黒の3駒を発見します．

さあ遭遇戦です．審判員は白の大将の地図の上に3個の黒駒を置くとともに，遭遇戦であるむねを両者に告げます．そして，サイコロを振ります．⚀ から ⚄ までの目が出れば遭遇戦は白の勝ち，⚅ が出たときだけ黒の勝ちです．結果は……，やはり，白の勝ちでした．黒の3駒は無情にも地図上から取り除かれます．

この戦いは，さらに継続され，白軍の6駒は黒の砦を目がけて驀

進^{しん}するにちがいありません．そして，白軍が黒の砦に到達したとき，砦を守っていた黒の3駒との間で3駒対6駒の決戦が行なわれるでしょう．その結果，おおかたの予想どおり白が黒をせん滅して，黒の砦を占領してしまうでしょうか．それとも，奇跡的に黒が白をせん滅するのでしょうか．もしも，黒が白をせん滅してしまえば，あとは黒が無人の道路をゆうゆうと前進して，白の砦を占領することまちがいありません．

　今後の戦況の推移について興味は尽きませんが，このあたりで進行を打ち切ろうと思います．相手の息の根を止めるまで追いつめないのが武士の情というものです．

　7ページを費やして，古くから行なわれてきた演習の思いきり簡略化した一例をご紹介してみました．現実に行なわれる演習は一般にもっと複雑です．兵隊のほかに車輌や戦車も登場したり，食糧や弾の補給とか通信網の構築など，作戦も多岐にわたります．地図を取り囲んでいる両軍の司令部も数名ないし数十名に及ぶことがあり，それぞれに役割が与えられて実際に命令文を起案したり，報告をしたりしながら演習が行なわれます．

　けれども，よく考えてみると，いや，よく考えなくても，実戦の様相を思いきり簡略化しようと，あるいは，なるべく忠実に模倣しようと，所詮は程度の差であり，実戦の模擬実験であることに変わりはありません．すなわち，実戦のシミュレーションなのです．しかも，部分的にモンテカルロ法を使ったシミュレーションそのものです．シミュレーションという呼び名は使われなかったにしても，人間社会では問題解決のひとつの手段として，古くからシミュレーションが行なわれていたのです．

風のシミュレーション

　人の世は理屈どおりには運ばない，といわれます．欲とか情けとかが複雑に入り組んだ人間社会が，単純な理屈どおりに動くとは期待できないということでしょう．これに対して，物理的な現象はほぼ理論どおりにことが運ぶものと思われています．ところが，物理的な現象であっても，単純な理屈どおりにいかない現象も少なくありません．空気の流れも，そのひとつです．空気には慣性，粘性，圧縮性などのややこしい性質があるので，なかなか理論どおりには流れてくれないのです．むしろ，空気の流れを正しく表現する理論が簡単にはできない，というほうが正しいのかもしれません．

　飛行機は高速で前進することによって積極的に自分の回りに空気の流れを作り出し，空気の流れから受ける力を借用して，飛び上がったり旋回したりする乗り物です．そこで，新しい飛行機を設計するときには，機体の回りをどのように空気が流れ，その空気の流れが機体にどんな力を及ぼすかを解明することが，もっとも基本的で重要な仕事になります．なにしろ，ここを間違えると，急に失速したり，尻ふりダンスを始めたり，ひどい場合には，飛行機の外板が空気の流れと共振して破壊するような，とんでもない飛行機が誕生しかねません．

　空気の流れには理論的に解明しにくい性質があるうえに，飛行機は地上の乗り物では考えられない姿勢を自由自在にとる必要があります．また，舵の動きや車輪の出し入れで飛行機の外形も変わるので，コンピュータの発達によって飛行機の空気力学的な設計を理論計算だけで進めることが可能な時代になったとはいえ，危険が伴

います．また，実験のほうが高速に大量のデータを得ることができるため生産性が高く，一般にデータの信頼性も高いと言われています．そこで，どうしても実験を併用せざるを得ません．実験といっても，実物大の飛行機を作って高速で空中を飛び回ることはできませんから，模擬実験でがまんすることになります．模擬実験は，つぎのように行なわれます．

　小さいもので直径数十 cm，大きいものでは直径数mくらいの筒の中に乱れのない空気が流されます．空気の速さは実験装置の使用目的によって低速のものも超音速のものもあります．空気の流れの中に，飛行機の模型が支柱や張線で支えられ，模型の姿勢は自由に変えられる仕掛けになっています．こうして，空気の流れが模型に及ぼす力や回転力が，支柱や張線などを通じて測定されるのです．

　さらに，筒の外から覗き窓を通して模型の様子を観察したり，写真をとったりもできるので，模型の姿勢をだんだんに変えていくと，あるところで空気の流れが突然変異する様子を知ることができ，設計上の重要なデータとなります．空気の流れが肉眼で見えるのかと不思議に思われるかもしれませんが，心配はいりません．空気の流れの中に細い煙の筋をたくさん流すとか，光の屈折を利用して目に見える像を作るとか，いくつもの方法が利用できます．

　このような模擬実験を通じて得たデータをもとに飛行機の空気力学的な設計が安心して行なわれ，新しい飛行機の開発が進んでいくわけです．このような実験装置は風洞と呼ばれ，風洞による実験は，飛行機が発達する原動力となったと考えていいでしょう．

　いまでは，風洞実験は飛行機の開発ばかりでなく，風の流れに悩まされる多くの問題を解決するために使われています．1966 年に

イギリス航空の B 707 が富士山の麓に墜落するという惨事が起こりました．当日は快晴だったのですが，西北の風が強く，きっと目には見えない晴天時の乱気流 CAT(Clear Air Turbulence)に叩き落とされたにちがいないと考えられました．そこで，富士山の模型を風洞に入れて実験し，どのような風のとき，どのあたりに CAT が牙をむいているかが確かめられました．

　高層ビルを建築するに当たっては，そのビルに作用する風の力を知る必要があることはもちろんですが，ビルの周辺に及ぼす風害を押える努力もしなければならず，このためにも風洞実験が活用されています．43 階建ての日本電気の本社ビル，通称スーパータワーは，ビル風を減らすために 13〜15 階の部分をすっぽりと風穴にしていますが，この効果も風洞実験で確かめられたものです．

　このほか，橋や塔に対する風の影響，大気汚染の伝播の状況，風による砂や雪の移動の様子など，風が作用するものなら，なんでもこいの風洞実験です．

　ところで，これらの風洞実験は，明らかにシミュレーションではありませんか．やはり前節にも書いたように，人間社会では問題解決のための有用な手段として，古くからシミュレーションを活用していたのです．

シミュレーション発展の理由

　私たちの身辺では，シミュレーションという言葉がごく日常的な単語として使われています．たとえば，新聞の見出しには「PK で先制点，と思われたが，シミュレーションを取られて先制ならず」

とあるし，別の記事には「気体爆弾は……中略……核爆発のシミュレーションに用いられることがある」，さらに，ゴルフクラブの宣伝文句には「有限要素法でシミュレートしたら，インパクト時にクラブヘッドが……」ときたもんです．

すでにくどくどと書いてきたように，私たちはさまざまな問題解決の手段として古くからシミュレーションを利用してきました．とくにシミュレーションなどという仰々しい呼び名などは使わずに，です．にもかかわらず，近年になってシミュレーションが喧伝されるようになったのは，なぜなのでしょうか．いろいろなご意見があろうかとは思いますが，だいたいは次のような大筋ではないでしょうか．

自然科学の目ざましい進歩に較べて，社会科学のほうは長年にわたって遅れっぱなしでした．構成要素としては人間を含む「社会」には，幸福とか悲しみのように測定もしにくく数値で表わすことがむずかしい要素が多いうえ，いろいろな要因が複雑にからみ合っているため，因果応報の関係が容易には定式化できなかったからです．

けれども，自然科学と社会科学は人間を真に豊かにするための両輪です．社会科学が遅れっぱなしでいいわけがありません．そこで，近年になって社会科学についての研究や技法の開発が積極的に進められるようになりました．それらは，3つのグループに大別できるのではないかと考えています．

第1は，社会現象を解明するうえで肝腎な要素を洗い出し，数値で表わし，それらの因果関係を明らかにする技法のグループです.＊ 第2は，因果関係がある程度わかった問題について，最適の

＊　第1のグループには，多変量解析，数量化理論などが含まれます．

答えを見出す手法のグループで，これらは，総称して**オペレーショ**
ンズ・リサーチ(ふつう OR と略称される)と呼ばれます．第3のグ
ループは，OR などが提出した最適の答えを参考にしながら決断を
下すまでプロセスを整理した理論です．*

　これらのうち第2グループの OR は，オペレーションズ・リサー
チ(作戦研究**)の名が示すとおり，もとはといえば第二次世界大
戦のころ，最適な軍事作戦を計画するために開発された手法であ
り，その中のひとつにシミュレーションが含まれていました．因果
関係に不明な点があったり，因果関係が明らかであっても解析的に
答えを見出すのがむずかしかったり，とくに確率的な現象を含んで
いるため理論計算がむりな場合などに，とにかく，模擬実験によっ
て一応の答えを見つけてしまうのですから，とても実用的で便利な
手法であったにちがいありません．

　第二次大戦後，この OR が軍事面ばかりでなく，企業の経営や行
政などの面にも応用され，実際にさまざまな成果を生むにつれて，
OR の効用が注目されるようになりました．数ある OR の手法の中
でも，とくに LP *** と PÉRT **** とシミュレーションが，即効性
のある OR の3本柱といわれるようになりました．

---

　　　* 　第3のグループは決定理論が中心です．これも OR の一部だと考え
　　　　ている人もいます．
　　** 　JIS では OR を運営研究と訳しています．いまでは軍の作戦ばかり
　　　　ではなく，官庁や企業においても利用されることが多いからでしょ
　　　　う．
　*** 　LP(Linear Programming)は線形計画法と訳され，線形の制約条件
　　　　のもとで線形の目的関数を最大または最小にするような変数を求める
　　　　ための計算技術です．

話がすっかり長くなってしまいましたが，遅れていた社会科学を進歩させるためにシミュレーションは便利で，かつ有効であると認められたことが，シミュレーションが喧伝されるようになった第1の理由でしょう．

さらに第2の理由としてあげられるのは，演算速度が速く，記憶容量が大きいコンピュータの出現とコンピュータ利用技術の開発によって，シミュレーションの威力がますます向上したことです．

たとえば19ページあたりに，事務室内の配置換えに際して，厚紙で代用した机やロッカーを動かしながら最適の配置を決めるシミュレーションを試みたことがありましたが，コンピュータを利用すれば，画面と会話しながら最適の配置を見出すことができるでしょう．もちろん，小さな事務所の配置換えならコンピュータを利用するまでもありませんが，大規模な移転とか倉庫や船の空間の活用，その他に役立つところが多くあります．

また，古くから行なわれてきた地図を囲んでの軍事教練も，いまでは，コンピュータ技術を駆使しての地球規模の訓練が可能になっています．また，VR(ヴァーチャル・リアリティ)技術も活用され，戦場さながらの訓練が行われています．

さらに，風洞を使って行なわれてきたシミュレーションも，いままでは複雑すぎて解くことができなかった方程式が，高速大容量のコンピュータで解けるようになったため，風洞も模型もなしに空気の流れを図示したり作用する力を求めたりできるようになり，実際

＊＊＊＊　PERTはProgram Evaluation and Review Techniqueの頭文字を並べたもので，矢印と○印とで図示された作業手順や日程を評価しながら作業を管理していく技術です．

に活用されるようになりました．つまり，実験がやりやすいことを特長の1つとしていた自然科学でさえも，複雑すぎたり大規模すぎたりして手に余るような実験が，シミュレーションによって可能になったのです．これらについては，後にもういちど触れるつもりですが，いずれにしても，コンピュータとその利用技術に助けられて，シミュレーションの利用範囲は，広範囲に及ぶようになったのです．これでは，シミュレーションという専門用語が日常的に使われはじめたのも，当然と言えるでしょう．

シミュレーションは神の声か

シミュレーションがもてはやされるようになった理由として，ひとつにはその便利さや有効さが認識されたこと，またひとつには，利用範囲が広がったことをあげましたが，実はもうひとつ，隠れた理由がありそうです．それは，シミュレーションという言葉の魔力です．それは，かつて活字が持っていた魔力，いまではコンピュータという言葉が持っている魔力によく似ています．

かつては，鉛筆書きのへた字で書きなぐってあるといくら素晴しい内容であっても，正当には評価されませんでした．逆に，内容が薄っぺらでも，活字で印刷されていると信用されて高い評価を得るということが少なくありませんでした．活字で印刷されるくらいなら立派な人が書いたものにちがいない，という錯覚だったのでしょう．パソコンが普及して，誰でも文章を活字で書けるようになった昨今では，活字の魔力の神通力も地に落ちたようですが……．

コンピュータは家庭や学校教育にも普及し，その仕組みもかなり

理解されているのに，コンピュータの魔力はまだ衰えていないように見受けられます．「コンピュータで解析したら……」とか「AIで予測したら……」とかの枕言葉が，公のマスメディアにおいてさえも，しばしば使われます．コンピュータを使おうと使うまいと，解析や予測の方法が間違っていたりデータが正しくなければ，結論が正しくないことが明らかであるにもかかわらず，です．それなのに，「コンピュータで……」と言われると，精密で正しい結論が出されているように錯覚するから不思議です．

　「シミュレーションによると……」にも，同じような魔力が潜んでいます．いかにも高度に科学的な答えが出ているような印象を与えるではありませんか．おまけに，シミュレーションを行なった当人でさえも，シミュレーションを終わった後になると，始める前の不安や不満はすっかり忘れて，シミュレーションの結果に陶酔してしまうから不思議です．シミュレーションの仕方によっては，とんでもない結論が出るかもしれないのに，です．

　シミュレーション……　横文字に弱い日本人の耳に，なんと心地よく響くことでしょう．まるで神の声です．これからも「コンピュータによるシミュレーションの結果は……」などという枕言葉が，至るところで使われるにちがいありません．

　しかしながら，シミュレーションは便利で有用ではありますが，万能ではありません．くすりは毒なり，のたとえのように，使い方を誤ると凶器にさえなるおそれがあります．私たちはシミュレーションの正体を正しく把握し，その効用と限界をよく理解しておく必要があります．そこで章を改めて，シミュレーションの全貌を見きわめていこうと思います．

昔の子供たちは，すぐに人の真似をする友だちを，「人ま
ね小まね，……，」と囃したてたものでした．……のところ
にはなにを入れてもよく，たとえば，「人まね小まね，3年
坊主のはなったれ」,「人まね小まね，おまえの母さん出べそ」
というぐあいです．

　とはいうものの，人真似は成長段階での学習の原点ではな
いでしょうか．その証拠に，狼に育てられた少年はうなり声
を上げながら四つ足で走り，猿に育てられた少年はキッキッ
と叫びながら木の実を拾うそうではありませんか．

　そして，シミュレーションの原点も物真似にありそうで
す．いかに要領よく，つまり，本質を失わない限度いっぱい
まで手間と経費を省きなから，いかにじょうずに物真似する
かによって，シミュレーションの巧拙が決まるようです．

　　上手な模倣は最も完全な独創である．

　　　　　　　　　　　　　　　　　　──ヴォルテール

2. シミュレータさまざま

私たちの社会では，今やスマホのアプリにもあるように，さまざまなシミュレータが日常的に使われています．よく出来たシミュレータは，コンピュータ・シミュレーションと並んで，シミュレーション技術の見事な結晶です．したがって，シミュレータの機能を観察すれば，シミュレーションの長所と短所をおおよそ見破ることができるでしょう．

メカのシミュレーション

　前の章でも触れたように，社会科学に較べれば自然科学のほうが
ずっと理論的に解明されていて，とくに物理的な現象は，ちゃんと
理屈にあった動きをします．しかし，一般的には確かにそのとおり
なのですが，空気の流れとか熱の伝播のように，平易な方程式では
その動作を表現することがむずかしく，風洞試験のようなシミュ
レーションの力を借りないと実用的な答えを出せないことも少なく
ありません．また，ときには非常に単純なからくりなのに，計算だ
けでは安心できず，シミュレーションを併用することもあります．

　飛行機の操縦系統は，大型機や高速機では油圧で舵を動かした
り，電気信号によって舵の動作を指示したりしますが，軽飛行機で
は，今でも人力によって舵を動かして操縦します．ただ，最新の小
型機ではコックピットは電子化され，大型の旅客機と変わらないく
らいです．

　パイロットが手で操縦桿を手前に引くと，水平尾翼に取りつけら
れた昇降舵が尻上がりになって水平尾翼の浮力が減り，飛行機は機
首上げの姿勢に移ります．反対に操縦桿を前に押し出すと機首が下
がります．また，操縦桿を右に傾けると主翼に取りつけられた補助
翼が動いて飛行機は右に傾くし，操縦桿を左に傾ければ飛行機は左
に傾きます．

　さらに，操縦席の床上に取りつけられているラダー・ペダルの右
側の下半分を奥に押すと，垂直尾翼に取りつけられた方向舵が動い
て機首は右を向くし，左側の下半分を奥に押すと，機首は右に向く
ようになっています．なお，ラダー・ペダルの左右はシーソーの

ような動きをし，右側を奥に押すと左側が手前のほうに動いてきます．

　このように，昇降舵，補助翼，方向舵の3つの舵によって，飛行機は思うがまま操縦されるのです．これらは，チェーンやケーブル，ベル・クランク，プーリー(滑車)といったものを利用して，操縦桿やラダー・ペダルにつながっています．これらが操縦桿の動きを3つの舵に伝えることによって，パイロットの意思どおりに飛行機が頭を上げたり，右に傾いたりするのです．

　ほんとうに単純なからくりだと思いませんか．操縦桿の動きに対する昇降舵の動きも，昇降舵に作用する力と操縦桿に必要な力も簡単な比例関係にすぎませんから，設計もむずかしくないし，とくに問題が起こるとも思えません．ところが現実には，この操縦装置を機体に組み込むに先立って，シミュレーションで性能を確認するのがふつうなのです．なぜかというと，つぎのとおりです．

　この仕組みには，数箇所に可動部分があり，そこには目に見えないほどであるにしても，多少のガタがあります．また，操縦桿から昇降舵に力を伝えれば，ケーブルは少し伸びます．このようなガタや伸びとか，どこかに起こるかもしれないスリップなどをぜんぶ考慮して，操縦桿の動きと昇降舵の動きを理論的に結びつけるのは，言うは易く行うは難し，です．

　そのうえ，実際の飛行中には自らの操縦や突風などによって，昇降舵にさまざまな空気力が働きます．その力がケーブルの波打ちと共振してしまったら一大事なのですが，こういう現象を理論計算だけで解明するのは非常に困難です．

　ちょっと見には非常に単純で，簡単な計算だけで安心して使えそ

うな仕組みであっても，ガタ，スリップ，歪み，伸び，振動などが重要な意味を持つ場合には，事前にシミュレーションを行なって，特性を確認する必要があることが少なくありません．船，飛行機，高速の車輌などでは，操縦系統，油圧系統，燃料系統などのサブシステムを取り出して，じゅうぶんに機能や特性をテストするのが当たり前のように行われています．このようなテストはリグ・テスト*と呼ばれたりしてきましたが，これらもシミュレーションの一部であると考えていいでしょう．

エレキによるシミュレーション

　自然現象や社会現象は，自らの力で安定した調和を保つ機能を備えているようです．多くの動物は増えすぎると餌が不足して増殖がとまり，適当な数に戻ります．また，減りすぎれば餌に恵まれるので増殖し，手ごろな数を維持します．各人が勝手に利己的な経済活動をしているように見えても，価格の仲介という「神の見えざる手」によって需要と供給があんばいよくバランスし，社会全体の利益や幸福が増進するという学説も有名です.**　きっと，自然や社会の中には巧みな自動制御の機能が働いているのでしょう．独裁者

---

　　* 　リグ・テストの rig は，艤装する，各部品を組み立てて装着する，という意味です．

** 　アダム・スミス(1723 ～ 1790)が『国富論』の中で「神の見えざる手」の説を述べています．ところが，1929 年にアメリカで始まった大恐慌のときには，どういうわけか「神の見えざる手」がうまく機能せず，ついに，ルーズベルト大統領が経済統制を行なって大不況から脱出し，その教訓からケインズの理論が生まれたと言われています．

が現われて，せっかくの機能を壊したりしなければいいが，と思います．

　自動制御の基本的な考え方は，つぎのとおりです．車を走らせているときのことを頭に描いてください．目標より右にずれるとハンドルを左にきって元に戻そうとするし，左にずれればハンドルを右にきって修正しようとするでしょう．しかも，ずれが大きければ大きいほど強く，です．つまり，目標値と実現値との差を x(誤差量)とすると，x に比例した力で x の反対方向に，言い換えると誤差量を減らす方向に動かそうとするわけです．したがって，方程式で書けば

$$m \frac{d^2 x}{dt^2} = -kx \tag{2.1}$$

となるでしょう．

　ところが，これだけの修正動作では，車は右に左にとジグザグ運動をしてしまい，目標に向かって安定した走りにはなりません．車をはじめすべての物や現象には慣性力がありますから，右にずれたのを直そうとして左に強く修正すると左にいきすぎてしまい，あわてて右に修正するとこんどは右にいきすぎてしまうからです．そこで，目標値へ引き戻そうとする力のほかに，引き戻される速度に比例して運動を止めさせる力も加えてやりましょう．そうすると運動方程式は

$$m \frac{d^2 x}{dt^2} = -h \frac{dx}{dt} - kx \tag{2.2}$$

となります．式(2.1)が真空中での振り子の運動のように振動をつづけてしまうのに対して，式(2.2)は水の中で振り子を振らせたと

きのように，振り子の速度に比例する水の抵抗のために，振り子の動きが減衰して間もなく静止してしまいます．*

すなわち，自動制御の仕組みを図示すると，図2.1のようになるでしょう．制御値がフィードバックされて目標値と照合され，誤差（目標値－制御値）が検出されると，式(2.2)のような修正動作が行なわれて目標値を維持しようとします．

ちなみに，「フィードバック」は「システム」と並んで，20世紀の科学文明を発展させるうえでもっとも重要な工学上の概念であったとさえ，言われることがあります．

自動制御の巧拙は修正動作の良し悪しで決まります．修正動作は式(2.2)で表わされますから，式の中の m と h と k の関係によって，自動制御の巧拙が決まるのです．では，m と h と k がどのような関係にあれば，じょうずな制御が行なわれるのでしょうか．

もちろん，式(2.2)を解析的に解き，m と h と k にいろいろな値

図 2.1 自動制御の成り立ち

---

* 自動制御そのものの解説をするのがこの節の目的ではないので，式(2.1)や式(2.2)のご説明が不親切であることをお許しください．必要があれば『微積分のはなし(下)【改訂版】』，108～147ページを参照していただきたいと思います．

を入れながら数値計算をして,グラフに描いて比較検討すれば,好ましい m と h と k の関係を知ることができます.しかし,式(2.2)のような2階の微分方程式を解くのは,なかなかやっかいな作業です.そこで,図2.2のような電気的な回路を作ってみましょう.この回路を流れる電流を i とすると

$$L\frac{d^2i}{dt^2} + R\frac{di}{dt} + \frac{1}{C}i = 0 \tag{2.3}$$

で表わされることが知られているからです.さきほどの式(2.2)の右辺を左辺に移項して

$$m\frac{d^2x}{dt^2} + h\frac{dx}{dt} + kx = 0 \qquad (2.2)もどき$$

とし,両方の式を見較べて見てください.

m を L で,h を R で,k を $1/C$ で

代用したと考えれば,両方の式はまったく同じです.つまり,図2.2の回路は,式(2.2)をシミュレートした回路になっているのです.C, L, R を可変にすることは容易ですから,このような電気回路を使えば,C と L と R の関係を手軽に変化させながら電流の変化をグラフに描かせて,修正動作の良し悪しを観察できようというものです.

ご参考までに,じょうずな制御とへたな制御とを図2.3に描いてみました.上段のグラフは,$-a$ の誤差が発生し

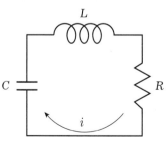

図2.2 式(2.2)のシミュレート回路

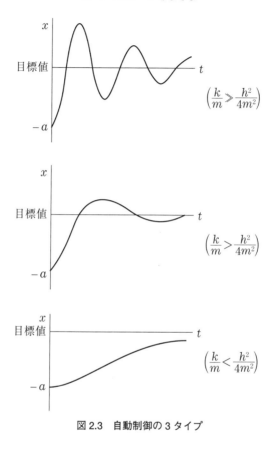

図2.3 自動制御の3タイプ

たことに気がついて強引に目標値に引き戻そうとしたために，目標値を大きく行きすぎてジグザグを繰り返してしまいました．中段のグラフでは，適当になだめすかしながら目標値に押さえこんでいます．これが上等な制御です．下段のグラフは誤差の修正が穏やかすぎて，目標値に戻るのに時間がかかっています．上段の制御を信長

型,中段を秀吉型,下段を家康型と呼ぶ方がいますが,言い得て妙,ではありませんか.

アナログシミュレータ

シミュレーションの話をしているのに,自動制御にばかり深入りしてしまったようです.私たちは,自動制御の修正動作を図2.2のような電気回路でシミュレートし,さまざまな修正動作の効果を手軽に観察できることを知りました.実は,電気回路を適当に組み合わせることによって,多くの自然現象や社会現象を表わすやっかいな方程式をシミュレートできるのです.

図2.4を見てください.ご説明するまでもなく

$$i = i_1 + i_2 + i_3 \tag{2.4}$$

でなければ,つじつまが合いません.これはたし算の式ですから,図2.4の抵抗をそれぞれ変化させることによって電流を変化させれば,たし算をシミュレートできるはずです.

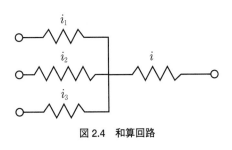

図2.4 和算回路

つぎは,図2.5です.こんどは少しめんどうですが

$$V = C \int i dt \tag{2.5}$$

であることをご存知の方も少なくないと思います.この回路で,C

のインピーダンスをRに較べてじゅうぶんに小さくしておけば，この回路を流れる電流はRにだけ支配され，iは入力電圧eに比例しますから，式(2.5)は

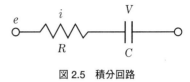

図2.5　積分回路

$$V = \frac{C}{R} \int e dt \tag{2.6}$$

と書くこともできます．いずれにしても，図2.5の回路で積分の計算をシミュレートできるはずです．

あとは省略しますが，ひき算や微分などについても同様に演算をシミュレートするような回路がくふうされていて，それぞれ，加算器，乗算器，積分器，微分器などの演算装置として準備されています．* そこで，自然現象や社会現象を表わす方程式が与えられたら，そのとおりにこれらの演算装置を継ぎ合わせれば，その自然現象や社会現象のシミュレータができ上がろうというものです．あとは，電流や電圧の変化をオシロスコープ上に描画させながら，存分にシミュレーションを活用してください．

ひとつだけ演算装置を継ぎ合わせた演算回路の例を図2.6に描いておきました．これは式(2.2)を一段と複雑にした

$$m \frac{d^2 x}{dt^2} + h \frac{dx}{dt} + kx = f(t) \tag{2.7}$$

の場合です．右辺の$f(t)$は，もちろん，tの関数であることの一般

---

*　各種の演算装置の構成などは，中島尚正ほか：『機械工学ハンドブック』（朝倉書店）などを参考にしてください．

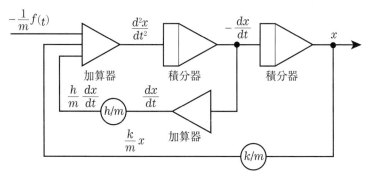

図2.6 式(2.8)の演算回路

的な表示ですが,たとえばそれが $\sin at$ であるなら,式(2.7)は季節変動のような周期的な外力が作用する中での自動制御を意味します. なかなか現実に応用範囲の広そうな方程式ではありませんか. では,この式を変形して

$$\frac{d^2x}{dt^2} = \frac{1}{m}f(t) - \frac{h}{m}\frac{dx}{dt} - \frac{k}{m}x \tag{2.8}$$

とし,図と見くらべていただきましょうか.

左上の加算器に入力される3本の線は,式(2.8)の右辺に並んだ3つの項に相当します.1ばん上は関数発生器で作られた $-\frac{1}{m}f(t)$, 2ばんめは $\frac{k}{m}x$, 3ばんめは $\frac{h}{m}\frac{dx}{dt}$ ですが,これらが作られるからくりは,あとで確認しましょう.ここで,入力される3つの項とも符号が式(2.8)と反対になっているのは,実用されている加算器や積分器では,入力と出力の符号が反対になるように配線されてい

2. シミュレータさまざま　　　**47**

るからです．したがって，入力された3つの項が加算器で合計され

ると式(2.8)によって $\dfrac{d^2x}{dt^2}$ になります．

　つぎに，$\dfrac{d^2x}{dt^2}$ が積分器を通ると1回だけ積分されて $-\dfrac{dx}{dt}$ が出

てきます．ここでも符号が変わっていることに，ご注意ください．

この $-\dfrac{dx}{dt}$ は2つめの積分器を通って x になり，t につれて変化す

る x の値を私たちに教えてくれることになります．

　なお，積分器を1回だけ通過してできた $-\dfrac{dx}{dt}$ の一部は，加算

器を通って符号が変わり，係数器で h/m 倍されて左上の加算器へ

の入力にも使われます．同様に，2つの積分器を通って x になった

値も，別の係数器で k/m 倍されて左上の加算器に入力されること

は，図で示したとおりです．

　このように，与えられた方程式(2.7)をシミュレートする回路は，

簡単に組み上がりますし，使い方も簡単です．2つの係数器は，実

は，精密な可変抵抗器にすぎませんから，この2つの係数器を随意

に調節しながらオシロスコープに描き出される x の曲線を観察し，

その変化を吟味したり，もっとも気に入った h/m と k/m の組合

せを選んだりすることができます．

　すでに明らかなように，図2.6の電気回路は，式(2.7)のシミュ

レータ，言い換えれば，式(2.7)で表わされる現象のシミュレータ

です．このようなシミュレータを総称して，アナログコンピュータ

と呼んでいます．

アナログコンピュータは，特に微分方程式で表される系のシミュレーションに適していました．しかしながら，ディジタルコンピュータによるコンピュータ・シミュレーションの急速な発展によって，今では，ほぼその使命を終えています．ただし，ごく少数ではあっても，たとえば消費電力の少なさに着目してなど，アナログコンピュータの研究は続けられているようです．また，有理数の範囲しか扱えないディジタルに対して，アナログコンピュータは，ディジタルでは理論上扱えない問題も解ける可能性があると言う方もいます．

疑似体験さまざま

いまの子供たちは，学習塾や習いごとが忙しくて遊ぶ時間が乏しいし，兄弟も少なく，遊べるほどの庭もなく，そのうえ独りで遊べるゲームが普及しているので，友だちや兄弟と遊ぶ機会がほとんどなくなってしまったようです．一見すると友だちと遊んでいるように見えても，それぞれがスマホでゲームしているだけなので，これを友だちと遊んでいるとはいえないでしょう．これが子供たちの人格形成にどう影響するのか私にはわかりませんが，困ったことだと嘆く先生方も少なくないようです．

これに対して昔の子供たちは，日が暮れても親から叱られるまで，大勢の友だちと遊びまくっていたものでした．男の子ならチャンバラごっこ，女の子ならままごと，男の子と女の子がいっしょなら電車ごっこ，ずいぶんいろいろなシミュレーションを楽しんだものです．そういえば，お医者さんごっこという，青い性の匂いがす

2. シミュレータさまざま

るシミュレーションもありましたっけ.

子猫や子犬のじゃれ合いも，成長して獲物をとったり敵と戦ったりするための訓練だといいますから，子供たちがおとなの生活をシミュレートして遊ぶのは，成長の一段階として当然のように思えます．ところが，いまどきの子供たちに与えられるシミュレーションは，おとなの生活を真似るなどという生易しいものではありません．

それにしても，近年のシミュレータの高度化には目を見張るものがありますが，それ以上に，一般への普及におどろかされます．一昔前までは，遊園地やゲームセンターなどでの子供だまし程度のものが多かったように思いますが，ちかごろは，電車の運転士や飛行機のパイロットが訓練に使うものと同レベルのものを一般の人でも体験できる施設が多くできました.

また，シミュレータアプリまで登場し，自宅はおろか，電車の中でさえ，本物さながらの飛行機の操縦や電車の運転がシミュレーションできる時代になりました．仕事が終わって同僚と一杯というサラリーマンが少なくなっているようですが，シミュレータが身近になったことと少なからず関係があるかもしれませんね.

まだ一般の人には縁遠い世界だと思いますが，医療・救急用シミュレータでは，視覚をコンピュータグラフィックで疑似し，触覚は訓練する医師の動作に反応するようプログラムされているものまであります．ひょっとすると近い将来，一般の人でも手術が体験できるような施設ができるかもしれませんね.

そういえば，部屋の間取りなどを疑似体験させるシミュレータもあるそうです．VR の技術によって居ながらにして室内の立体像が

見え，頭の動きに合わせて画面が変わり，部屋の間取りを体感することができます．そのうえ，自分の手が画像に現われて，意のままに窓を開けたり蛇口をひねったり，皿を落とすとガチャーンと音がするそうですから，ご愛嬌です．

この勢いだと，そのうちに，美人と差し向かいでいっぱいやるシミュレータとか，もっと怪しからんことができるシミュレータなども登場するかもしれません．人生は夢か現か幻か，などといいますが，シミュレータの発達によって，人生の幻の部分が増加していくのではないでしょうか．

ずいぶん余計なことを書いてしまいました．シミュレータに話を戻しましょう．まがいものや実験的なシミュレータはさておき，すでにじゅうぶんな実績を積み，その効果が確認されているものの中に，自動車や飛行機の操縦訓練用シミュレータや，大規模なプラントの操作訓練用シミュレータなどがあります．とくに飛行機操縦のシミュレータは実績も多く，シミュレータの効用と限界が浮き彫りにされていますので，ここで少し詳しくとり上げてみようと思います．

飛行機操縦のシミュレータ

ごく初歩的なものではありますが，世界初の計器飛行訓練用のシミュレータは，1929 年に作られたといわれています．ライト兄弟による初飛行が 1903 年ですから，シミュレータは，飛行機の発達とともに進歩してきたといっても過言ではないでしょう．それから 90 年の間に，科学技術の革新に支えられて，シミュレータは驚く

ほどの変貌を遂げました.

　現在のフライトシミュレータは，実機と同等の訓練条件を実現しています. その結果，国土交通省により最上級の Level D 認定を取得したフライトシミュレータによる訓練時間が，実機による訓練と同等にカウントされるようになりました. つまり，飛行機に乗ったことがない人でも，パイロットの免許が取得できるようになったのです. これを聞いて，飛行機に乗るのが怖くなった方もいらっしゃるかもしれません. でも，ご安心ください. 必ず実機での訓練も経験した人でないと，民間のパイロットとして私たちを世界に連れて行くことはできないようになっていますから.

　さて，シミュレータの作りですが，本体には主翼も胴体の後ろ半分もありません. 飛行機の前半分と操縦席のあたりが電動式アクチュエータの太いシリンダーに支えられています. なお，以前は油圧式アクチュエータが主力でしたが，油圧式はコストが高く，電動式と較べて整備もたいへんなため，最近は電動式に変わってきています. コックピットに入ると，これはもう実物の飛行機とすっかり同じです. 本物と違うのは，操縦席の後方にある教官席だけです. 液晶ディスプレイ(計器類)とたくさんのスイッチが並び，操縦桿やペダル，フラップやエアブレーキ，車輪の出し入れやエンジン出力などをコントロールするレバーなどが，本物と寸分たがわず配列されています. そのうえ，目の前には飛行場の風景が広がっているし，レシーバーからは管制官の声が聞こえてきます.

　決められた手順に従ってエンジンをスタートさせると，エンジンの回転音とともに，回転計，温度計，油圧計などが動き始めます. 管制官と交信して地上滑走の許可を取り，ブレーキをゆるめると機

体は滑走を始めます．当たり前ですが，コックピットが走り始める
わけではありません．パノラマ映像でスクリーンに映し出された窓
外の風景が後方に流れ，地上を走るゴトゴトという振動が伝わって
くるので，滑走を実感するのです．

　滑走路からはみ出さないように操作を続け，所定の場所に着いた
ら離陸前の最終点検です．コックピットに入ってからの動作の一部
始終は，教官席から常に観察され，評価されていますから，油断が
なりません．また，教官の目だけでなく，訓練後の講評用にモニ
ターカメラが設置されていて，パイロットの操作はもちろん，音声
など一部始終が記録されますので，ごまかしはききません．離陸の
許可を取って滑走路に正対し，エンジン回転を上げ，ブレーキペダ
ルを話すと，解き放たれた矢のように飛行機は滑走を始め，パイ
ロットの体はその加速度によって，座席の背もたれに押しつけられ
ます．

　速度がぐんぐん上がって離陸速度に達し，パイロットが操縦桿を
引くと機首が上がり，地上を走っていた時の振動が消えて，飛行機
は空中へ舞い上がります．もちろん，舞い上がったように感じるだ
けです．そして，速度，高度，飛行機の姿勢などを確認しながら
車輪を格納し，フラップを上げ，予定のコースに機首を向けなけれ
ばなりません．上昇力の大きな飛行機では機首が上を向いているの
で，窓の外には空と雲しか見えません．目の前にあるたくさんの計
器と体感だけが頼りです．

　すると突然，急ブレーキがかかったようにパイロットが前のめり
になり，右エンジンの回転計が目まぐるしく回って，回転数の低下
を示し始めました．右エンジンの故障です．教官席にいる教官が，

故障の状況を作り出したのでしょう．実は，教官席にいる教官は訓練生を指導・監督するだけでなく，モニターやタッチパネルから，故障や気象状況を自由に操作設定もするのです．ともあれ，離陸直後で高度にも速度にも余裕のない飛行機にとって，エンジン故障は最大のピンチです．高度，速度，重量，現在地，飛行場までの距離と方向，風向と風速など，多くのことを念頭に置いて冷静沈着に対処しなければなりません．

エマージェンシーを報告し，計器類を素早く点検し，上昇速度をゆるめて片肺飛行をつづけます．エンジン火災を起こしている様子はないし，通信や操縦系統にも異常がないので，いったん海へ出て燃料の一部を捨てて離陸した飛行場に戻ることを決め，そのことを管制官に通報します．

ここで教官席から指示があり，エンジン故障への対処訓練を終わり，エンジン故障はなかったものとして，さらに上昇をつづけます……と，まぁ，こういうぐあいにシミュレータによる飛行訓練が行なわれるのです．

臨場感を生むテクニック

それにしても，どうして地上にあるコックピットの中で飛行機の動きや加速度が体感できるのでしょうか．

パイロットに本物の飛行機とあまり変わらない臨場感を与えるための第一のテクニックは，ビジュアルシステム（視覚装置）です．ビジュアルシステムは，画像発生装置と投影装置で構成されています．映画館のスクリーンをイメージしていただければいいと思いま

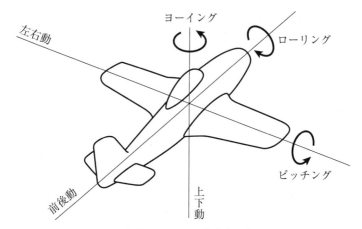

飛行機には6つの自由度がある

すが，飛行機を取り巻く地上の風景や雲，他の飛行機などが映し出され，パイロットの視界の全域をおおいます．

これらの画面には，全地球をカバーする地形データがプログラムされています．また，もちろん全世界の空港データもプログラムされていますが，たとえば改修などでロケーションが変わったりしたら，すぐに置き換えられるようになっていて，常に実際の空港とイコールになっています．したがって，どのようなルートを選択して，どこの空港に着陸するかなど，さまざまな設定での訓練が可能です．そして，パイロットの操縦によって起こるはずの機体の動きに合わせて画面がリアルタイムで反応し，迫力のある画面の動きでパイロットに臨場感を与えます．

このほかにもビジュアルシステムには，雲で見え隠れする地上の光景，雪に覆われた滑走路，夜や薄暮の状況，雨や霧の中の飛行な

2. シミュレータさまざま

ど，実際に起こりうる状況を演出する仕掛けもついています．

パイロットに飛行機の動きを体感させるための第二のテクニック
は，モーションシステム（動揺装置）です．高度のシミュレータで
は，コックピットは6本足の電動式アクチュエータで支えられてい
ます．空中の飛行機は6つの方向へ動くので，それをシミュレート
するためです．空中にある飛行機は，上下，左右，前後，ピッチン
グ（機首の上下への傾き），ヨーイング（機首の左右への揺れ），ロー
リング（左右への傾き）の6方向の動きが組み合わされて，自由自在
に姿勢をとることができるのです．この6方向の動きを作り出すた
めに6本足の電動式アクチュエータが必要なのですが，このような
6方向の動きができるシミュレータは，6自由度のシミュレータと
呼ばれます．

パイロットが操縦桿を引くと，コンピュータで制御された6本の
電動式アクチュエータがいっせいに伸び縮みして，コックピットは
機首上げの姿勢に移行するとともに，コックピット全体がぐいと上
に持ち上げられます．このとき，機首を上げるのと同時に座席が尻
を突き上げてくるので，パイロットは上方への加速度がかかった
ように感じます．この感じと窓外の光景の変化によって，パイロッ
トは飛行機が機首を上げながら上昇しはじめたことを体感するので
す．

なお，アクチュエータの長さには限界がありますから，コック
ピットを持ち上げ続けるわけにはいきません．パイロットに尻を突
き上げる感じを与えたら，気づかれないようにそっと元通りに縮ん
で，次の動きのために待機します．これは，コックピットの機首上
げの動きについても同様です．機首上げの動きをパイロットに体感

させた後，窓外の画面だけは機首上げを継続させて，コックピットのほうは，パイロットに気づかれないようにそっと元の位置に戻します．なにしろ，本物の飛行機は連続した宙返りでも横転でもできるのですから，それをパイロットに体感させるためには，多少の詐欺行為は許してもらわなければいけません．

さらに，地上を滑走している間の振動，離陸中止時の減速，失速時の機体振動，乱気流中の揺れ，濡れた滑走路でのスリップなどのさまざまな体感も，6本足のアクチュエータの伸び縮みによって作り出せるようになっています．

余談になりますが，戦闘機のような軽快な飛行機が激しく動き回ると，いろいろな方向に大きな加速度が作用します．私たちが地上にいるときに引力によって地球に引きつけられている加速度，つまり，物が落下するときの加速度を G とすると，飛行中に $7G$ くらいの力がかかることはざらにあります．$7G$ が作用すると体重が70 kg の人は 490 kg の力で押しつけられているかんじょうなので，たいへんです．首も手足も動かないし，呼吸も困難だし，視野は狭くなります．こういう状態の下で戦闘機のパイロットは敵機を発見し，追いつづけるのですが，いくら技術の粋を集めたシミュレータでも，この体感を模擬できるところまでは到達していません．

パイロットに迫力ある臨場感を与える第三のテクニックは，サウンドシステム（音響装置）です．管制官などとの通信はもちろん，エンジン音，エアコンの空気の吹出し音，足の出し忘れのような警報音など，コックピット内で聞こえる音を忠実に再現できます．これらの音響効果によって，パイロットを実飛行の雰囲気に引きずり込みます．

2. シミュレータさまざま　　　**57**

これ以外にも，機内火災を再現するためのスモークシステム（発煙装置）などがあり，パイロットに臨場感を与えるためのさまざまな仕掛けが施されています．

シミュレータによる訓練は，コンピュータの大容量化，高速化，そして，操縦に関する深い知識と豊富な経験に裏打ちされたソフトウェアの登場により，ますます高度化しています．たとえば，離発着のために地上，空域ともに混雑している空港が数多くありますが，その状況をリアルに再現した訓練が行われています．また，教官がパニックになるような状況を作り出して，機長と副操縦士の危機管理能力やお互いのコミュニケーション能力の向上を図るという訓練も行われています．そして，訓練後，モニターカメラで確認して，改善点の洗い出しなどが行われます．

シミュレータの利点

この本は「シミュレーションのはなし」ですから，どこかでシミュレーションの利点や欠点について触れなければなりません．ふつうは，シミュレーションについてるる述べたのち，最後の章で利点や欠点を総括するのでしょうけど，思うに飛行操縦のシミュレータは，シミュレーションの利点と欠点を直感的に納得するためのまたとない好材料です．そのため，ここで飛行操縦のシミュレータについて利点と欠点を書かせていただこうと思います．なお，シミュレーション全体についての利点や欠点は，最後の章でもういちど整理するつもりです．まず，利点を箇条書きにしていきましょう．

（1）　計画的な訓練 – 飛行訓練は天候や飛行場の状況などによっ

て計画どおりに進められないことが多いのですが，その点，シミュレータなら心配いりません．

（2）　効率的な訓練－飛行パターンの中のある部分，たとえば，着陸の部分だけを取り出してなんべんも繰り返せるので，訓練が効率的です．

（3）　危険な訓練－実機では危険すぎて実施できないような訓練，たとえば，強い横風の下での着陸，きりもみなども，安心して訓練できます．

（4）　非常事態の訓練－故障，火災，落雷など，非常事態への対処訓練ができます．これは，実機で実施することはできないとても重要な訓練です．

（5）　環境が自由－昼・薄暮・夜などの時間帯，雨・雪・霧・雲・風・乱気流などの気象条件，滑走路の濡れぐあい，翼などへの着氷の状態，地上の無線局の種類など，いろいろな環境を自由に選択できます．

（6）　他機も出現－僚機の画像を出して編隊を組む訓練をしたり，敵機を追跡したり，他機とのニアミスを避けたりする訓練ができます．

（7）　客観的な評価－シミュレータ訓練のビデオを再現すれば，自分の操縦の一部始終を客観的に観察できるので，教育効果が上がります．また，同僚の訓練を教官席からモニターすると「人のふり見てわがふり直せ」の教訓が生かせるようになります．

（8）　環境負荷ゼロ－騒音，排気ガス，墜落の危険性がすべてゼロです．

（9）　設計変更の事前確認－飛行機の一部を改造したり，機体の

外部になにかを追加したりする場合，シミュレータのソフトウェアの一部を変更することによって，改造後の性能や特性を事前に確認することができます．飛行機を新しく開発する場合，その飛行機のシミュレータを先に作って，あれやこれやと確かめてみるくらいです．

（10）シミュレータの応用動作－コンピュータを介して2台のシミュレータを結び，それぞれ相手の機影が見えるようにすれば，2機の空中戦の訓練をすることができます．

また，雲の中やまっ暗な空中で，パイロットは自分の飛行機がどのような姿勢でどちらへ飛んでいるのか，まったくわからなくなることがあり，これを空間識失調といいます．私たちは，地上では重力の加速度 G がかかる方向を「下」と意識していますが，空中で機動している飛行機では，あらゆる方向に G がかかり得るため，G がかかる方向が下とは限りません．また，その他にも姿勢についての錯覚を起こさせる要因がいくつもあります．バーティゴは，パイロットが正常な感覚を持っているが故に陥るのです．バーティゴは恐ろしい現象で，バーティゴのために起こる墜落事故があとをたちません．記憶に新しいところでは，2018年6月に沖縄で起きたアメリカ軍のF15戦闘機の墜落事故の原因が，パイロットの空間識失調だと報告されました．しかし，シミュレータに少しくふうを加えてパイロットにバーティゴを体験させることで，バーティゴからの脱出を訓練することができます．

（11）経済性が抜群－高性能なシミュレータは高価です．ものによっては実機とあまり変わらないほど高価です．しかし，訓練経費は実機とは比較にならないくらい安上がりです．実機を飛行させる

と燃料費や維持整備の費用が莫大で，1時間の飛行あたり数百万円から千万円を超すものも少なくありません．それに較べるとシミュレータの運転経費は，その数十分の一くらいでしょう．そのうえ，シミュレータは1台でたくさんのパイロットを訓練できるし，墜落して人命や機体を失う心配もありません．したがって，シミュレータによる訓練は非常に経済的です．

　以上，11項目にもわたってシミュレータをほめ上げました．それほどシミュレータが優れているなら，実機での訓練はすっかり廃止して，シミュレータによる訓練だけでパイロットを養成すればよさそうな気がするではありませんか．ところが，そうは問屋が卸さないのです．

シミュレータの限界

　通常の飛行機は，パイロットが操縦桿から手を離せば安定した水平飛行に戻るように作られています．つまり，右へ傾いていても手を離すと自然に水平に戻るのです．このような性質は正の安定性といわれ，飛行機の操縦を安全かつ容易にしてくれます．

　ところが，正の安定性がいつも良い性質とは限りません．右へ傾きたいときでも水平に戻る性質を持っているのですから，右へ傾かせるためには余分な力が必要になるし，動作も鈍くなってしまうからです．そこで，機敏な動作を必要とする飛行機では，正の安定性を少し弱め，安定性ゼロの状態に近づけます．ただし，そのぶんだけ操縦は難しくなります．たとえば，突風をくらって大きく傾いたようなとき，水平に戻ろうとする力が弱いので，パイロットが素早

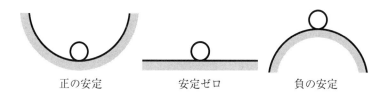

正の安定　　　　　　安定ゼロ　　　　　　負の安定

く水平に戻してやらなければなりません．そのうえ，戻す操作が強すぎると，43ページでご紹介した信長型の自動制御のように左右に翼を振ってしまい，なかなか水平に戻らないのですから厄介です．

　飛行機の運動性を良くするという観点だけからいえば，右へ傾きだすといっそう右へ傾き，左へ傾きはじめるとさらに左へ傾くような負の安定性を飛行機に与えればいい理屈ですが，これでは，どんなに反射神経の優れたパイロットでも操縦できません．

　そこで，飛行機に積んだコンピュータの力を借りて，安定性がほとんどゼロの飛行機でも，操縦を可能にする技術が開発されてきました．この技術を採用した飛行機をCCV(Control Configurated Vehicle：運動能力向上機)といいます．コンピュータ技術やセンサー技術の導入によって人間の能力を超えた操縦を可能にし，その結果，機首を一定方向に向けたまま高度を変えたり左右へ移動できる従来にない戦闘方法がとれるようになった飛行機が，CCVと思っていただけばいいでしょう．

　日本でもCCVの技術を習得するために，1978年からT-2という超音速のジェット機にCCVの機能を付加した研究が始まりました．そして，1983年に小牧の飛行場で，三菱重工業のテストパイロットによるテスト飛行を開始しました．その時です．思いがけな

い異変が起こったのは……．

CCV 機が離陸した直後，まだ速度も高度もじゅうぶんではない飛行機としてはいちばん危険な時期に，突然，左右に揺れはじめたのです．地上の関係者がはっと息を呑んで見守るうち，左右への揺れはますます激しくなり，ピッチングも加わって，まるで蝶が舞っているよう……．関係者は目の前で起こるにちがいない惨事を思って気が動転してしまいました．けれども幸いなことに，CCV 機はなんとか姿勢をもち直して上昇をつづけ，飛行場の上空をひと回りして，無事に着陸に成功しました．関係者一同，パイロットとともに胸をなでおろした一幕でした．

それにしても，なぜ，CCV 機は蝶のように舞ってしまったのでしょうか．むろん，飛行に先立って舵の効きや機体の反応については地上でじゅうぶんなシミュレーションが行なわれ，パイロットの操縦に対応して，機体は 44 ページの秀吉型のように反応することが確認されていました．なにしろ，このあたりの技術が CCV にとってもっとも重要なところですから，念には念を入れてあったのです．

その後，危機を脱して着陸したパイロットに再度シミュレータに乗ってもらい，空中で行なったのと同じ操作をなんべんも繰り返してもらいました．けれども，どうしても蝶の舞は再現しません．

そこで，常識では考えられないくらいの力で乱暴に操縦桿を操作してもらいました．すると，シミュレータでも蝶の舞が起こったのです．パイロットは，空中でこんな乱暴な操作をした覚えがないと証言していますが，覚えがないにしても，きっとそのような操作をしたにちがいありません．右へ傾いたので左に修正すると，それが

2. シミュレータさまざま　　　　　　　　　　　　　*63*

強すぎて左へいきすぎ，こんどは右へ修正すると右へいきすぎる．あたかもパイロットの修正操作によって振動が大きくなっていくような現象をPIO(Pilot Induced Oscillation：パイロット誘導振動)といいますが，CCV機はPIOによって蝶の舞を演じたにちがいありません．

CCV機を操縦したパイロットは，操縦技量が抜群で沈着冷静な日本でも指折りのテストパイロットです．ふつうなら，PIOなどを犯すはずがありません．ただし，このときは状況がふつうではありませんでした．

日本で初めてのCCV機であり，飛行機の死命を制する操縦系統に未知の技術が使われています．人家の建て混んだ小牧飛行場の周辺で，もし操縦系統に故障が起こって民家にでも墜落したら，それこそ大惨事になることでしょう．だいいち，パイロット自身の命が

なくなります．いくらベテランのパイロットでも，これでは緊張しないはずがありません．不安感も恐怖感もあったでしょう．平常心ではいられなかったはずです．このような状態の下で，パイロットが「火事場のばか力」を出してPIOを惹き起こしてしまったとしても，どうして責めることができるでしょうか．

　ここに，シミュレーションの限界があります．シミュレータは操縦に失敗しても命には別条ありません．だから，極度の緊張感もないし，恐怖感もありません．したがって，火事場のばか力をシミュレートすることはできないのです．

　前の節で11項目にもわたってシミュレータをほめ上げましたが，シミュレータにも大きな欠点があります．その最大のものが，いくらビジュアル装置とモーションとサウンドを駆使しても，パイロットの精神状態を実際の場合と同じようにはできないという点です．命がけの仕事では，ほんとうに命をかけてみないと真の体験にはならないし，真の姿は見えないのです．

　こういう理由で，シミュレータによる訓練だけでパイロットを養成したり，技量を評価したりすることはできません．本番の訓練は，どうしても実機による飛行に頼らなければならないのです．そして，予習と復習にはたっぷりとシミュレータを使って，納得いくまで反復して練習するのが，じょうずなシミュレータの利用法といえるでしょう．

　シミュレータには，このほかにも若干の欠点があります．たとえば，戦闘機のパイロットは5〜7Gくらいのすさまじい重圧に耐えながらレーダースコープや計器を読み，僚機と交信し，敵機との相対位置や最適の接近法などを判断しなければなりません．しかし，

2. シミュレータさまざま

シミュレータでこのように大きな G をかけつづけることは技術的に困難なため，この部分はシミュレートできません。* また，同じような技術的な理由で，曲技飛行の体感を忠実にシミュレートすることも現実的ではありません。

けれども，これらの欠点は，パイロットの精神状態をシミュレートさせることができないという最大の欠点に較べれば，とるに足らない欠点です。なにしろ，シミュレータを安価にするためには6自由度にこだわらず，もっと簡略化しても，実用上，差し支えないのではないかとの意見もあるくらいなのです。

この章では，飛行操縦用のシミュレータに重点を置きすぎたかもしれません。私が長年にわたって防衛庁で飛行機に関連した仕事に従事してきたせいもありますが，シミュレーションの性格を具象的に取り上げ，シミュレーションの長所と限界を実感しようと企てたためでもありますので，お許しいただきたいと存じます。

もちろん，一般的なシミュレーションの長所と短所が，飛行操縦シミュレータの長所・短所とぴったり一致しているわけではありません。これについては，その長所と短所を最後の章でもういちど整理をしてみたいと考えていることは，すでに書いたとおりです。

＊ パイロットに大きな G を体験させ，G に耐える訓練をする目的のために，パイロットが座ったゴンドラを振り回して，遠心力によって G をかける遠心機と呼ばれる装置があります。

シミュレーションのやり方に決まったものはありません．電気的であろうと機構的であろうと化学的であろうと，いっこうにかまわないのです．自由奔放に独創性を発揮してください．

　新しく開発した化粧品が女性の肌を傷めないかどうかを知りたいときには，まず，仔豚の肌で反応をテストしてみるのだそうです．女性の肌が仔豚の肌に似ているから，……いや失礼，仔豚の肌が女性の肌によく似ているからです．これだって，りっぱなシミュレーションです．

3. モンテカルロシミュレーション

―その1. 乱数の正体を見る―

私たちの身辺には偶然に左右される現象がたくさんあります。このような現象についてモンテカルロシミュレーションを行なうためには，偶然を積極的に，かつ，じょうずに利用しなければなりません。偶然という得体の知れないものをありのままの姿に作り出し，それを使いこなすには若干のくふうが必要です。その定石を追ってみましょう。

帰って来ない酔っぱらい

おそろしくばかばかしいようで，実は決してばかばかしくないお話を一席，申し上げます．

碁盤の目のように整然とつくられた街路を，泥酔した男がひとり，千鳥足で歩いていると思ってください．男は十字路にさしかかるとたち止まってどちらへ行こうかと考えるのですが，なにしろ泥酔しているので，文字どおり前後不覚，右も左もわからないし，どちらから来たかさえも失念していますから，適当な方向に勝手に歩きはじめます．そのため，十字路にさしかかるたびに，右折するか左折するか，直進するか，いま来た道を引き返すかが，それぞれ1/4ずつの確率で起こるのです．

さて，この泥酔男が30回だけ十字路を通過したとき，出発点からなん区画くらい離れたところをうろついているのが平均でしょうか．あるいはまた，通過した十字路を重複しないように数えると，いくつぐらいでしょうか．さらにまた，この泥酔男が出発点に戻ってしまう確率は，どのくらいでしょうか．

ずいぶんばかばかしい問題ではありませんか．いくら泥酔したとはいえ，4つの方向にそれぞれ1/4ずつの確

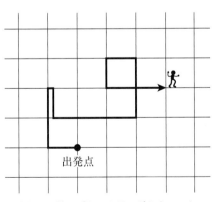

図 3.1　酔っぱらいのランダムウォーク

3. モンテカルロシミュレーション

率で歩き出すとは,あまりに現実ばなれした想定です.私も若いころ,泥酔して前後不覚になったことも少なくありませんが,翌朝にはちゃんと自宅で寝ている自分を発見したものでした.それに,百歩ゆずって現実ばなれした想定を受け入れたとしても,酔っぱらいが出発点からどのくらい遠ざかっていようと,その確率がどうであろうと,どうでもいいではありませんか.

と思うのですが,この手の問題は**ランダムウォーク**と呼ばれ,現実的な意味のある興味深い研究テーマなのです.**ランダム**は,人間の意志がはいらず,でたらめに,という意味であり,**無作為**と訳される確率論の中では重要な概念のひとつです.では,なぜランダムウォークが現実的に意味のある研究テーマかというと,つぎのとおりです.

図3.1のランダムウォークでは,平面の上を酔っぱらいが歩いていましたが,もっと簡単な例として,目盛を刻んだ直線上をランダムウォークする場合を考えてみましょう.図3.2のように,酔っぱらいが1目盛すすむたびに立ち止まり,そこから前進するか引き返すかは五分五分であるとき,ある回数だけ目盛を通過したあとで,酔っぱらいはどのあたりをさまよっているかという設問です.

この設問は,数理的にはつぎの例題とまったく同等です.A君とB君がそれぞれいくつかの百円玉を持っています.AとBがジャンケンをして,勝ったほうが負けたほうから1個の百円玉を取り上げる約束です.この約束に従ってジャンケンをくり返すとき,A君の懐中にある百円玉

図3.2 直線上のランダムウォーク

は，当初の数よりいくつぐらい増えたり減ったりしているでしょうか．Aの百円玉は当初の数を出発点にして，ジャンケンするたびにプラスかマイナスの方へ1個だけ変化するし，プラスに進むかマイナスに退くかは五分五分ですから，直線上のランダムウォークとまったく同じ問題に帰着します．

実は，これは**破産問題**というニックネームのついた有名な確率の問題なのです．もし，AとBがはじめに持っていた百円玉が有限であるなら，どちらかの百円玉がすべて巻き上げられると破産してしまうことが起こり得ますので，そこに破産問題というニックネームの由来があるのです．

破産問題では，両者の資本金が異なる場合や，ジャンケンの勝率が五分五分ではない場合についても丹念に調べられています．これらを直線上のランダムウォークに置き換えるなら，直線の両端が有限のところで打ち切られていて，酔っぱらいがそこに到達すると奈落の底に転落するとか，目盛に立ち止まってから前進する確率と後退する確率が等しくない場合に相当するでしょう．*

つぎに，図3.1のような平面上のランダムウォークには，どのような実用上の価値があるのかを考えてみます．こんな例は，いかが

---

* 資金が a でジャンケンの勝率が p であるA君が，資金が b でジャンケンの勝率が $q(=1-p)$ であるB君を破産させる確率は

$$P_A = \frac{1-(q/p)^a}{1-(q/p)^{a+b}}$$

で表わされます．$p=q$ の場合には

$$P_A = \frac{a}{a+b}$$

となります．なお，詳しくは拙著『ゲーム戦略のはなし』に紹介してあります．

3. モンテカルロシミュレーション

でしょうか．多数の人間が縦横に整然と並んでいます．そのうちの1人に，ある噂話が伝えられます．その人は，前後左右に並んでいる4人のうちの1人だけにその噂話を伝えます．噂話を聞いた人は，また，前後左右のうちの1人にだけ噂話を教えます．こうして一定時間が経ったのち，噂話はどの範囲にまで拡がっているでしょうか．これでは，噂話を教えてくれた人に対しても1/4の確率で同じ噂話を伝えることになり，不自然だと思われる方は，ランダムウォークの確率を前方と左右にそれぞれ1/3ずつの確率で進むものと修正していただいても結構です．

この例は，ランダムウォークが情報の伝達速度の研究に役立つであろうことを示唆しています．情報の流れのほか，物資の流れ，熱や電気などのエネルギーの伝播，はたまたファイナンス工学などについても，ランダムウォークの考え方が利用されています．もちろ

ん，現実の問題では，平面が前後左右に無限に拡がっているのではなく，有限の距離のところに境界があってはね返されたり，吸収されて消滅したり，滞留して蓄積されたりすることもあるでしょうし，交差点においても前後左右によって進む確率が異なったりするほうが多いかもしれません．いずれにしても，ランダムウォークは酔っぱらい相手のばかばかしいお話ではなく，現実に利用価値のある考え方なのです．*

モンテカルロでランダムウォーク

ランダムウォークは現実の利用価値があるテーマでした．その一例として，図3.3のように上方と右側に壁があって，それより先へは進めないようなランダムウォークの性質を調べてみましょう．

現実の問題では，たいていのものには慣性力があるため，前後左右に

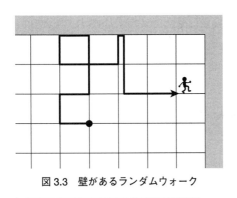

図3.3 壁があるランダムウォーク

---

* ランダムウォークの交差点で，各方向へ歩き出す確率が交差点の座標の関数として与えられているような場合，酔っぱらいの動きはやっかいな偏微分方程式などで表わされ，この方程式は解析的に解けないことが多いのです．そういう場合でも，モンテカルロ法によって一応の答えが見つかります．モンテカルロ法は，解析的には解けない方程式を解く手段にもなり得るのです．

3. モンテカルロシミュレーション

よって進む確率がちがいますから，一例として

直進する確率	0.5
右折して進む確率	0.2
左折して進む確率	0.2
引き返す確率	0.1

とし，壁にぶつかって直進できなくなったときには

右折して進む確率	0.4
左折して進む確率	0.4
引き返す確率	0.2

としましょう．こういう約束に従ってランダムウォークすると，12回だけ交差点を通過した後に，出発点からなん区画くらい離れたところにいるのが平均でしょうか．なお，出発点においては，前後左右へ進む確率を 1/4 ずつとすることはいうに及びません．このほか，壁に沿って歩いているときや，右上隅にさしかかったときの確率も決めなければならないのですが，話を簡略化するため，ここでは省略させていただきます．

　この問題を数学を使って解析的に解くことは，ほとんど不可能です．手も足も出ないというほうが実態に近いでしょう．そこで，第 1 章で「13 組の夫婦を分解してランダムに新しく 13 組の男女のペアを作ったとき，その中に夫婦のペアが含まれない確率」を求めたときのように，実験的に答えを出そうと思います．そうです．モンテカルロシミュレーションをするのです．

　用意するものは，方眼紙と鉛筆．それに，約束どおりの確率を作り出す小道具が必要ですが，さて，なにを使いましょうか．まず気

表 3.1　約束の確率を作り出す

	十字路	T字路	出発点
A	直　進	やり直し	上　へ
2	〃	〃	〃
3	〃	〃	下　へ
4	〃	〃	〃
5	〃	〃	やり直し
6	右　折	右　折	右　へ
7	〃	〃	〃
8	左　折	左　折	左　へ
9	〃	〃	〃
10	後　進	後　進	やり直し

がつくのは，第1章のときのようにトランプを使うことです．Aから10までのカードを使い，よく混ぜてから1枚のカードを取り出し，そのカードの数によって，たとえば表3.1のようなルールを決めれば，約束どおりの確率を作り出すことができるでしょう．

T字路では，Aから5までを「やり直し」にするような効率の悪いことは止めて

A，2，3，4　　は　　右折

5，6，7，8　　は　　左折

9，10　　　　　は　　後進

としてもいいのですが，実際にやってみると，6は十字路なら右折なのにT字路では左折，9は十字路では左折なのにT字路ではバック……など，紛らわしくて仕方がありません．どうやら，同じ数字に対する反応を揃えておくほうが，効率は悪そうに見えても，ミスが少ないぶんだけ得なようです．出発点におけるルールも同じ理由で，なるべく十字路の場合に揃えてあります．

トランプ以外にも，サイコロやコインなどの小道具を使って約束の確率を作り出すことはできますが，0.1とか0.2とかの確率を作

3. モンテカルロシミュレーション

り出すためには,やっかいなルールを決めなければならず,トランプを使うよりめんどうです.

こういうわけで,約束の確率を作り出すために10枚のトランプを表3.1のルールに従って使うこととし,さっそくランダムウォークのモンテカルロシミュレーションを開始します.

まず,よく混ぜた10枚1組のトランプから1枚を取り出してみたら,8でした.表3.1のルールによって,出発点における8は左へ進行ですから,図3.4のように出発点から左へ1目盛だけ進みます.8のカードを元に戻して10枚のカードをよく混ぜ,つぎのカードを取り出すと,こんどは6でした.十字路における6は右折ですから,右に曲がって1目盛だけ進みます.

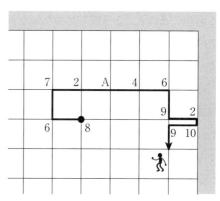

図3.4 たとえば,このように進行

このようにして,1枚ずつ取り出されたカードが

　　8, 6, 7, 2, A, 4, 6, 9, 2, 10, 9

であったとすると,ランダムウォークは図3.4のように進行するでしょう.このうち,9番目の2は「やり直し」ですから,正味10区画も彷徨したあげくに,出発点から4区間だけしか離れなかったことになります.

これで1回のシミュレーションが終わりです．同様にシミュレーションを根気よく繰り返して，50回とか100回とかのデータを集めれば，数学的には手も足も出ないランダムウォークについて，かなり正確な見通しを得るにちがいありません．モンテカルロシミュレーションの便利さを改めて認識した思いです．

ただ，ぜいたくを言わせてもらうなら，実際にやってみると感じることですが，10枚のカードを混ぜるという作業が意外に煩わしいのです．たった10枚ばかりのカードは手のひらの中ではきりにくいし，畳の上でかき混ぜてもなかなかうまく混ざりません．いっそのこと，1組52枚のトランプのAから10までの40枚をいっしょにして使ったほうが扱いやすいくらいです．

作業が煩わしいのは，まあ，がまんすればすむ話ですが，実はトランプで確率を作り出す作業には，本質的な欠陥が潜んでいます．じゅうぶんに混ぜたつもりでも，ほんとうは，あまりよく混ざってなくて，カードの並び方の癖がなかなか消滅しないのです．

余談ですが，トランプを使うゲームの1つにコントラクト・ブリッジがあります．世界中の，とくに上流社会に愛好者が多く，世界選手権はもちろん，スポーツの祭典アジア大会でも行なわれた知的なゲームです．このゲームでは，配り札による不公平をなくすために，あらかじめよくきった1組のカードを4つに分けてケースに入れ，それを全テーブルに回してプレーする方法がよく使われます．このとき，カードを4つに分けるのに，2とおりのやり方があります．1つは，人の手でカードをじゅうぶんにきってから4つに分ける方法．そして，もう1つは，コンピュータでランダムに4つに分けた手をプリント・アウトし，それに従ってカードをケースに

入れる方法です.

おもしろいことに,コンピュータで作った配り手のほうが,人が作った手よりも過激な手ができやすいことを,多くのブリッジ愛好者が体験しているのです.コンピュータで作った手のほうは高度にランダム化されているはずですから,こちらのほうが確率的には癖のない手と考えられます.それに較べて人が作った手が穏やかに感じられるのは,おそらく,人の手ではカードを完全に混ぜることができず,以前のプレーで同じ種類のカードをまとめて扱った名残を消し去れないからでしょう.

この経験からも,人の手で混ぜたカードはランダムになっているとはいえず,したがってカードは,確率を正確に作り出す手段として,あまり上等とはいえないことがわかります.それでは,確率を正確に作り出す手段として,カードのほかになにがあるのでしょうか.

確率を作る小道具

トランプのカードは,手数がかかる割にはじゅうぶんに混ざらないという点を除けば,いろいろな確率を作り出すための非常に便利な小道具です.前節の例のように,0.1 刻みの確率を作るなら A から 10 までのカードを使えばいいし,1/8,2/8,3/8 というような確率を作るためには,A から 8 までのカードを使うなど,いろいろな単位の確率に対応できるからです.さらに,0.37 とか 0.81 のような 2 桁の確率には,A から 10 までのカードを 2 組使って,1 組めの値は 1 桁に,2 組めの値を 2 桁めに対応させればいいでしょ

う.

　トランプのカードが混ぜにくいという欠点は，カードの薄さと形によるものですから，確率を作るという目的だけに使うなら，形を変えてしまったらよさそうです．たとえば，カードの代わりに球を使い，球に 1，2，3，……の番号を付けておくのです．ビー玉かピンポン玉くらいの大きさなら，袋やつぼの中でもよく混ざるのではないでしょうか．

　この変型が福引きの抽選器です．番号を付ける代わりに玉には色を塗ってありますが，一定の確率を作り出す道具であることに変わりはありません．もっとも，出てきた玉を抽選器に戻さないと，つぎつぎと確率が変化してしまいますが……．

　抽選器といえば，ジャンボ宝くじなどの抽選は大げさです．放射線状に 10 等分して 0 から 9 および 10 から 19 までの数字のついた円盤が高速で回転し，ミニスカートのお嬢さんたちが順にボタンを押して回転を止め，止まった数字を採用する，あれです．この場合はショーとしての価値が優先しますから，確率を作り出す手段としての論評は避けておきましょう．

　コインは，もともと確率を作るための小道具ではありません．けれども，いつでも身近にあるし，1/2 ずつの確率を作り出すのに便利なので，手軽に使われます．コインを空中にはじき上げて手のひらに受けとめて表か裏かを言い当てるトス(toss)が，アメリカなどではジャンケンの代わりに日常的に使われているし，サッカーやラグビーなどでは，コイントスによって前半の陣地が決められます．

　欧米で出版された確率の参考書には，必ずといっていいほどコインが使われていて，表をH，裏をTと書くのがふつうです．欧米の

3. モンテカルロシミュレーション

コインでは，表には著名人の肖像が彫られていることが多いので Head，裏はその反対なので Tail なのだそうです．たとえば，5枚のコインを投げたとき3枚がH，2枚がTになる確率はいくらか，というぐあいに使われます．

コインのHとTでは図柄や彫りの深さが異なりますから，厳密に言えばHとTの出る確率が等しいとは思えません．けれども，参考書ではHとTの出る確率がともに1/2ずつであるとの前提のもとに確率計算を進めています．日常的な感覚でいうなら，それで差し支えないでしょう．したがって，日常的なことがらについて1/2の確率を作り出す小道具としては，コインはじゅうぶんに有用です．

また，2つ，3つ，4つ，……と使うことによって，1/4，1/8，1/16，……という確率を作り出せるところにコインの特長があります．たとえば，五百円玉，百円玉，五十円玉，十円玉の4枚を投げると，それぞれがHであるかTであるかによって16とおりの組合せができますから，1/16を単位とした確率を作り出すことができます．

その代わり，1/4，1/8，1/16，……以外の値を単位とした確率を作るのは苦手です．たとえば，前節で使ったような0.1を単位とする確率をコインで作るとすれば，どうしたらいいでしょうか．表3.2のようなルールでも作らなければなりません．こんどは表3.1のときのように十字路，T字路，出発点における動きを横に揃える配慮はしてありません．4つのHとTの組合せは覚えきれませんから，どうせ1回ごとに表3.2で行動を調べなければならないからです．そして，表3.2で行動を調べるごとに，目はちらちら，頭はくらくらします．だから，コインで0.1を単位とする確率を作り出す

表3.2 これでは，たまらない

五百円玉	百円玉	五十円玉	十円玉	十字路	T字路	出発点
H	H	H	H	直　進	右　折	上　へ
H	H	H	T	〃	〃	〃
H	H	T	H	〃	〃	〃
H	H	T	T	〃	〃	〃
H	T	H	H	〃	〃	下　へ
H	T	H	T	右　折	〃	〃
H	T	T	H	〃	左　折	〃
H	T	T	T	左　折	〃	〃
T	H	H	H	〃	〃	右　へ
T	H	H	T	後　進	〃	〃
T	H	T	H	やり直し	〃	〃
T	H	T	T	〃	〃	〃
T	T	H	H	〃	後　進	左　へ
T	T	H	T	〃	〃	〃
T	T	T	H	〃	〃	〃
T	T	T	T	〃	やり直し	〃

のは上策ではありません.

　つぎは，サイコロです．これはもう，確率を作り出す小道具以外のなにものでもありません．正多面体には正4面体(正3角形の面が4つ)，正6面体(立方体)，正8面体(正3角形が8つ)，正12面体(正5角形が12)，正20面体(正3角形が20)の5種類しかないこ

とが知られていますが，* これらの中でもっとも身近な正 6 面体に
1 から 6 までの目を刻んだものが，サイコロであることはご承知の
とおりです．

　サイコロも確率の参考書にしばしば登場します．確率を作り出す
ための小道具ですから，当然のことでしょう．そのとき，⊡ か
ら ⊞ までの目が出る確率は，正確に 1/6 ずつであるとして取り扱
われています．しかし，いかさま用のサイコロは論外にしても，3
対の表と裏の面が完ぺきに平行で，縦・横・高さの寸法に寸毫の狂
いもなく，8 つの角の丸みもまったく等しく，目の凹みによる重心
の誤差もないほどのサイコロなど存在しないでしょうから，6 種類
の目が出る確率が完全に等しいとは考えられません．けれども，日
常的な感覚でいうなら，いずれの目も 1/6 ずつの確率で現われると
みなして差し支えないことは，コインの場合と同様でしょう．

　それよりも問題なのは，1/6 という確率です．十進法に慣れた私
たちの社会生活の中で，1/6 を単位とする確率は非常に使いにくい
のです．もともとサイコロは，遊びや賭博のための確率を作ろうと
して発生した小道具ですから，遊びや賭博のほうのルールがサイコ
ロの確率に合わせて決められているのです．十進法の社会生活の中
でサイコロの確率が使いにくいのは，サイコロ自身のせいではあり
ませんが，使いにくいという事実は困ったものです．

　かりに，表 3.1 や表 3.2 のような確率発生のルールをサイコロで
作り出そうとしたら，どうなるでしょうか．1 つのサイコロでは 0.1
という確率が作れませんから，2 つのサイコロで 36 のケースを作

---

　*　サッカーのボールは 32 面体ですが，12 の正 5 角形と 20 の正 6 角形ででき
　　ているので，正多面体とはいえません．ただの多面体なら無数に存在します．

表 3.3　こういう手もある

コイン	サイコロ	確率
H	⚀	
H	⚁	
H	⚂	0.5
H	⚃	
H	⚄	
H	⚅	0.2
T	⚀	
T	⚁	0.2
T	⚂	
T	⚃	0.1
T	⚄	やり直し
T	⚅	

り，そのうちの 30 ケースを利用し，0.1 の確率には 3 ケースを，0.2 のケースには 6 ケースを割り振るなどして，0.1 を単位とする確率を発生させるほかないでしょう．したがって，確率発生のルールは表 3.2 よりもややこしくなって，とてもいただけません．いっそのこと，コインとサイコロを 1 個ずつ振ることにして，表 3.3 のように確率を作り出したらいかがでしょうか．

乱数を作るサイコロ

コインもサイコロも，必ずしも正確に 1/2 や 1/6 の確率を作り出してはいないとはいえ，日常的な感覚にはじゅうぶんに応えられるくらいの精度で手軽に確率を発生させられる便利な小道具です．ただ残念なことに，十進法に慣れた私たちの社会活動の中では，使いにくい一面を持っているのでした．

そこで，十進法の確率を手軽に発生させる小道具として作られたのが**乱数サイ**です．前述のように，正多面体には正 4 面体，正 6 面体，正 8 面体，正 12 面体，20 面体の 5 種類しかないのですが，うまいぐあいに，正 20 面体の面の数は 10 の 2 倍です．そこで，正 20 面体の 2 面ずつに 0 から 9 までの 10 種類の数を書けば，1/10 を単位とした確率が作り出せようというものです．なお，乱数という

言葉の意味については，もうしばらくお待ちください．

乱数サイは写真のような楽しい形をしていて，正6面体のサイコロよりはころころとよく転がりますが，転がりすぎて始末が悪いほどでもありません．乱数サイの正20面体を展開してみると，図3.5のように同じ数字が桂馬とびの位置に配列され，重心のずれや歪によって0から9までの数字が現われる確率に偏りが生じるのを，少しでも防止しようとの配慮がうかがえます．

乱数サイを1つだけ振ると0から9までの数字が1/10ずつの確率で現われますが，2つの乱数サイを準備して片方を1の桁，他方を10の桁とみなせば，00から99まで100種類の数字が1/100ずつの確率で現われることになります．同じように3個の乱数サイを使えば，000から999までの数字が1/1000ずつの確率で現われるとみなすことができ，十進法にぴったりではありませんか．

乱数サイは"20面ダイス"という名称で市販されていて，色は五色あるようですから，1/100000まで確率を発生させることができます．Amazonや楽天など

乱数サイ

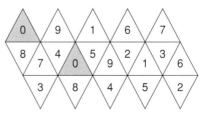

図3.5　乱数サイを展開してみると

のネット通販で簡単に手に入ります．

　まったくの余談で申し訳ありませんが，ある夜，寝入りばなを電話の音で起こされたことがありました．電話の向こうからドスの効いた男の声で，カンゴクから来たんだけれど乱数サイを売っている所を教えてくれ，というのです．てっきり，監獄から出てきたばかりの男が賭場を開く新兵器として乱数サイを探しているのだと思い，返答をためらってしまいました．ところが，さらによく聞いてみると韓国から日本に QC を学びにきている人が，帰国してから抜取り検査のために乱数サイを使いたいのだとわかり，恐縮してネットで買えることを教えました．

　そういえば，古代ギリシアや古代ローマでは，立方体のサイコロと並んで正 20 面体のサイコロも作られていたようですが，遊戯の実状に合わずに淘汰されて，現在のサイコロだけが残ったという記録があります．かつてはゲームや賭博の道具として作られた乱数サイが，遊戯の道具としては失格し，数千年を経た現代に自然科学や社会科学を支える道具のひとつとして蘇ってきたわけです．

　さて，この乱数サイを使えば，十進法で書かれた確率を容易に作り出せます．たとえば，前・右・左・後へ進む確率を，50%，19%，19%，12%ずつに分けたければ，乱数サイを 2 個使い，その値によって

$$00 \sim 49 \quad を \quad 前(50\%)$$
$$50 \sim 68 \quad を \quad 右(19\%)$$
$$69 \sim 87 \quad を \quad 左(19\%)$$
$$88 \sim 99 \quad を \quad 後(12\%)$$

と決めればいいはずです．十進法むきに作られた乱数サイのことだ

けあって，むだがないではありませんか．

ランダムが身上の乱数

　十進法で書かれた確率を作り出すために，乱数サイが便利な小道具であることは間違いありませんが，実際に乱数サイを使ってみると，思ったより煩わしいのです．始めのうちは愛らしい形のサイを振っているのが楽しいのですが，数十回も振りつづけていると，ころころといつまでも転がる姿にいら立ってきたり，現われた数字を書き留める手間がめんどうになったりして，嫌気がさしてきます．それに，こちらのほうが本質的な欠点ですが，まったく癖のない乱数サイを作ることは不可能ですから，コインやサイコロの場合と同じように，発生する確率に多少の誤差が含まれることは避けられません．

　そこで，でたらめに0から9までの数字を書き並べておいて，頭から1つずつ使うことにしたらどうかと気がつきます．ところが，でたらめに数字を書き並べることが意外にむずかしいのです．いや，でたらめに書くのはやさしいのですが，ランダムに，つまり人間の意思や癖がはいらないように数字を並べるのは至難の業なのです．

　その証拠に，小学校の低学年くらいの子供にでたらめに数字を書き並べてもらうと，数字に対する好き嫌いの傾向が読みとれるくらいに，数字の現われ方に偏りがあります．いっぽう，学識が豊かな先生方にお願いすると，数字の現われ方を同程度にしようとか，同じ数字が並びすぎないようにしようなど，いろいろと気を使ってく

だH

ださるので，とてもランダムとは言えません.

　おもしろいことに，乱数を作らせてみると，性格がわかるのだそ
うです．とくに，早く書き上げるけど乱数のできの悪い人が，もっ
とも車の事故を起こしやすく，つづいて，良い乱数を作るけど作業
の遅い人が，事故を起こしやすいのだそうです．* 前者は素早いけ
ど考えないし，後者は考えるけど鈍いからなのでしょう.

　0から9までの数字がランダムに並ぶということは，10種類の数
字の現われ方が確率的に起こり得る程度の偏りに納まっていて，同
じ数字が2つ，3つ，4つ，……と連なることも多からず少なから
ず，ある数字，たとえば5のつぎに現われる数字にも癖がなく，2
桁の数字，たとえば67のつぎに現われる数字にも癖がなく，……
と，あらゆることが自然に起こっていることですから，非常にむず
かしいのです．そのため，そのむずかしさを克服して，0から9ま
での数字がランダムに並んだとき，それに**乱数**という称号を差し上
げることになっています.

　英語でアルファベット26文字の出現率を較べてみると，

　　　　E，T，A，O，N，……(中略)……Q，Z

の順になり，トップとビリとでは100倍以上も差があるようです.
また，連続した2文字に注目すると

　　　　TH，HE，AN，ER，ON，RE，……

の順に出現率が多いらしく，さらに，Qのあとにくる文字はほと
んどがUであるとか，TIのあとにはONとつづくことが多いなど，
たくさんの癖があるようです.** この癖が英語ら̇し̇さ̇を作り出し

---

　* 　一松 信：『暗号の数理』(講談社ブルーバックス)から引用しました.

ていて，単語の中の1字や2字が消えていても判読できる場合が多いのもそのためなのですが，乱数にはこのような癖がなにひとつあってはなりません．

では，どうしたらそれほどまでに癖のない数字のら列が作れるのでしょうか．ほんの僅かの癖をがまんするなら，乱数サイを振りながら，現われた数字をつぎつぎと記録すればいいでしょう．使用した乱数サイの数字の現われ方に多少の偏りがあれば，記録した数字のら列にもその偏りが伝染します．また，乱数サイを転がす手の動きが一定なら，数字の連なり方に癖が発生するおそれがあります．しかし，日常的な感覚では，許せる程度のランダムさで数字が並ぶはずです．暇なときに酒でも飲みながら，こうして乱数を作っておけば，実際にモンテカルロ法を行なうときに手軽に使えるでしょう．

平方採中法で乱数を作る

乱数サイの癖が持ち込まれては困るというほど厳格な乱数が必要なら，数学の力を借りなければなりません．数学の力を借りるにしても，いろいろな借り方があります．ひと昔まえまでは，主に**平方採中法**が使われていました．名前のとおり平方して中央部をいただくのです．まず，適当な偶数桁の数字を準備します．桁数が少なすぎると妙な癖が発生しやすいし，多すぎると取扱いがめんどうなので，ふつうは最小で4桁，多いときには10桁くらいの数字を使います．

たとえば

――――――――――――――――――――――――
＊＊　吉川・原：「暗号解読」，『数理科学』，1968.11，ダイヤモンド社，によりました．

$$1234 \tag{3.1}$$

を使うことにしましょう．これを 2 乗して 8 桁の数字を作ります．準備した 4 桁の数字が 3162 以下ですと，2 乗しても 8 桁になりませんから，そのときは頭のほうに 0 を追加して 8 桁にしてください．さっそく 1234 を 2 乗すると

$$01\underline{5227}56 \tag{3.2}$$

という 8 桁の数字ができますから，その中から中央の 4 桁をいただいて乱数として採用します．つまり，私たちの乱数は，まず

$$5227$$

です．つづいて，これを 2 乗します．そうすると

$$27\underline{3215}29 \tag{3.3}$$

となりますから，また中央の 4 桁を乱数のつづきとして頂戴します．私たちの乱数は

$$52273215$$

に増えました．さらに，いま採用した 4 桁の数字，3215 を 2 乗し

$$10\underline{3362}25 \tag{3.4}$$

として，その中央 4 桁を私たちの乱数に加えると

$$522732153362$$

となります．以下，同じような作業を繰り返すと，私たちの乱数は

$$52273215336230 30 18092724 \cdots\cdots \tag{3.5}$$

と，限りなく増えていくでしょう．

　ここまでの数字を見る限りでは，2 と 3 が多すぎるように思えます．4，6，8，9 は 1 回ずつしか顔を出さないのに，2 が 6 回，3 が 5 回も出ているではありませんか．数字の現われ方に偏りがあって，これでは乱数とはいえないのではないかと心配になって検定を

3. モンテカルロシミュレーション

してみると，この程度のむらは偶然のいたずらによってざらに起こることだとわかり，安心します.*

　このように，平方採中法は乱数を作る方法としては手軽なので，便利に使われていたのですが，その後，大きな欠点があることがわかりました．その1つは，乱数が無限に長い0の行列になってしまう危険性があることです．たとえば中央の4桁がどこかで

　　　　3873

になったとしてみましょう．そのあとは

　　　15000129

　　　00000001

となり，これから先は永久に0以外の数字が現われることはありません.

　もう1つの欠点は，平方採中法で発生させた乱数の周期が，よくわからないことです．さきほど私たちは，1234からスタートした乱数を作ってみましたが，この作業をつづけていくうちに，偶然に1234という乱数がどこかで現われてしまうかもしれません．たった4桁の数字ですから，1万分の1の確率で1234が出現するので，長い乱数を作っているうちに，ほとんど確実に1234が現われると覚悟するほうがいいでしょう.

　ひとたび1234が現われると，それからあとはまったく同じ計算が繰り返されますから，乱数が周期性を持ってしまいます．周期性を持った乱数は，厳密にいえばもはや乱数とはいえないのです

＊　数字の現われ方についての検定にはχ^2検定を用いました．その結果を231ページの付録(1)に載せてあります．なお，乱数の検定にはχ^2検定のほかにも多くの方法が使われます.

が，周期が非常に長ければ，実用上は乱数とみなして差し支えありません．ただ困ったことに，平方採中法では，スタートの数字と周期の長さとの間の因果関係がよくわかっていないために，短い周期で乱数が繰り返されてしまうのではないかという心配があります．

　これら2つの欠点のために，平方採中法はもはや使われなくなってしまいました．とはいえ，数学的な乱数発生の方法としては歴史的に有名なので，やや詳しくご紹介させていただきました．

線形合同法で乱数を作る

　平方採中法は，せっかく計算が単純でとっつきやすいのに，大きな欠点があるために歴史的な遺物になりました．これらの欠点を改善して乱数発生の主役になったのが，**線形合同法**です．線形合同法ではどのように乱数を作り出すのか，さっそく式を見ていただきましょう．

$$x_{n+1} = ax_n + b \qquad (\mathrm{mod}\ M) \qquad (3.6)$$

あまり見馴れない式ですが，この式の意味は「$n+1$番めの乱数x_{n+1}は，n番めの乱数x_nをa倍してからbを加えた値をMで割ったときにできる余りである」ということです．念のために付け加えると，aとMは正の整数，bは0または正の整数でなければなりません．

　ごちゃごちゃしているので実例でいきます．まず，1番めの乱数を前節の例に合わせて

$$x_1 = 1234 \qquad (3.7)$$

としましょう. そして

$$a = 23$$
$$b = 56$$
$$M = 10000$$

(3.8)

としてみます. そうすると, 1234 につづく乱数 x_2 は

$$x_2 = 23 \times 1234 + 56 \text{ を } 10000 \text{ で割った余り}$$
$$= 28438 \text{ を } 10000 \text{ で割った余り}$$
$$= 8438$$

(3.9)

です. つづいて, 8438 につづく乱数 x_3 は

$$x_3 = 23 \times 8438 + 56 \text{ を } 10000 \text{ で割った余り}$$
$$= 194130 \text{ を } 10000 \text{ で割った余り}$$
$$= 4130$$

(3.10)

というぐあいにつづき, ここまでに私たちは

$$1234 \quad 8438 \quad 4130$$

(3.11)

という乱数を得たことになります. この乱数は, 4 桁の乱数とみなしてもいいし, 1 桁ずつの乱数とみなしても差し支えありません. 以下, 同じように計算をつづければ, 乱数はいくらでも作りつづけることができるでしょう.

いまの計算過程からわかるように, 線形合同法で作られる乱数は, M より小さな負ではない整数です. したがって, 0 から 9 までの数字の乱数を作るためには, M は 10 の乗数でなければなりません.*

---

* 10 進法用の乱数を作るためには M は 10 の乗数でなければなりませんが, もし, 2 進法用の乱数を作ろうとするなら, M は 2 の乗数にする必要があります. 一般に s 進法用の乱数を作るためには M を s の乗数としてください.

また，いまの例のように M を 10^4 とすると，乱数が4つずつ作り出されてくることになります．つまり，4桁の数字が作られるのです．4桁の数字は1万個しかありませんから，いずれは x_1 に使った乱数が再び現われるので，乱数が周期性を持ってしまうことは避けられません．ただし，平方採中法の場合には周期の長さについての見通しが不明であったのに対して，線形合同法は，乱数の周期を最大にするための a，b，M の選び方と周期の計算法が研究されているところが優れています．[*]

ところで，なぜこのような方法を線形合同法というのでしょうか．私たちは合同という用語からは，ぴったりと重ね合わすことのできる2つの図形を連想しますが，そのような幾何学的な合同のほかに，整数論においても合同という概念があるのです．そして，M を正の整数とするとき，2つの整数 x_{n+1} と x_n の差が M で割り切れるとき，x_{n+1} と x_n は M を法として合同であるといい

$$x_{n+1} \equiv x_n \qquad (\mathrm{mod}\ M) \qquad\qquad (3.12)$$

と書き表わすことになっています．ここに，合同法というネーミングの由来があります．

さて，もういちど線形合同法の式をごらんください．

$$x_{n+1} = ax_n + b \qquad (\mathrm{mod}\ M) \qquad\qquad \text{(3.6)と同じ}$$

この式の右辺には a と x_n のかけ算と b のたし算が混ざっていますが，この式の中で b がゼロになった特別な場合は

$$x_{n+1} = ax_n \qquad (\mathrm{mod}\ M) \qquad\qquad (3.13)$$

となり，このタイプは**乗算合同法**と呼ばれます．かりに

---

[*] 線形合同法で作る乱数の周期を最大にする方法や周期の計算については，IPUSIRON：『暗号技術のすべて』（翔泳社）などをご参照ください．

$$x_1 = 1234, \quad a = 23, \quad M = 10000 \tag{3.14}$$

であれば，乗算合同法で作り出される乱数は

$$1234 \quad 8382 \quad 2786 \quad 4078 \quad \cdots\cdots \tag{3.15}$$

となることを確かめていただけませんか.

　さらにまた，$b > 0$ のタイプを区別して，**混合合同法**と呼ぶことがあります.

　また，この線形合同法から派生したさまざまな乱数生成法が提案されています．やや専門的すぎるので，ここでは，その名前だけを紹介しておきます．メルセンヌ・ツイスタ法，XOR シフト法，WELL 法，Lagged Fibonacci 法（遅れありの Fibonacci 法），キャリー付き乗算法などなどです．いずれも，線形合同法の変形版と思っていただいていいでしょう.

　なお，合同法は乱数を作り出すうえで完璧な方法であるというわけではありません．すでに書いたように周期性を持ってしまうことも欠点の1つですが，そのほかにも，a とか k などのパラメータの選び方によっては，変な癖が生じてしまうことも知られています．そして，線形合同法よりは乗算合同法や混合合同法のほうが，簡略な方法である代わりに欠点も多いようです．ただ，これらの欠点はほとんど解明されていて，欠点を補う方法が研究されていることが救いです.

一様分布の乱数

　私たちは，乱数サイを振ったり，平方採中法や線形合同法を用いて計算したりして，0から9までの数字をランダムに並べた乱数を

94

作ることに熱中してきました．乱数を作る方法にはこのほかにも多くの種類がくふうされていて，たくさんの乱数が作られ，いかに癖がなくランダムであるかを競いあっています．そして，89ページで触れたような各種の検定でランダムさを保証したのち，乱数表として市販されています．表3.4は，その一例です．

表3.4　乱数表（『新編　日科技連数値表 ―第2版―』の一部）

82	69	41	01	98	53	38	38	77	96	38	21	08	78	41	21	91	44	58	34
17	66	04	63	41	77	51	83	33	14	04	23	86	16	23	44	37	81	32	71
58	26	41	01	59	68	98	40	57	93	41	58	15	53	52	48	67	96	77	09
07	16	73	31	65	61	64	17	83	92	67	70	62	34	65	61	85	15	24	36
13	43	40	20	44	75	93	89	23	44	59	95	05	42	31	89	35	88	85	65
26	86	01	11	93	19	96	29	40	36	03	99	67	87	54	25	16	38	69	73
38	75	35	82	11	00	81	89	17	75	55	50	22	45	74	66	78	10	03	70
62	86	84	47	47	44	88	10	83	73	68	40	94	81	56	91	80	40	87	71
62	88	58	97	83	35	14	27	88	69	38	03	25	20	18	98	84	74	10	38
56	63	41	73	69	71	11	08	02	22	54	93	82	38	95	39	87	63	52	59

　この乱数表では，数字が1つずつ独立しているとみなせば0から9までの乱数表ですし，数字を2つずつの固まりとみなすと00から99まで100種の数字の乱数表です．さらに，数字を3つずつに区切って000から999までの乱数表と考えてもいいし，それ以上の桁数の乱数とみなしても差し支えありません．

　いま，この乱数表を0から9まで10個の数字の乱数表とみなすなら，0から9までの数字の出現確率は，いずれも0.1ずつです．その様子を棒グラフに描くと図3.6のようになるでしょう．また，2桁の乱数とみなして00から99までの出現確率を棒グラフに描けば，背の高さが0.01の棒が見事に100本も林立するにちがいあり

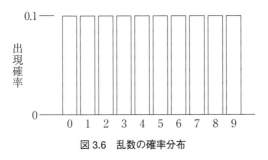

図 3.6 乱数の確率分布

ません．いずれにしても，棒グラフの高さはすべて一様であり，確率の分布が一様分布であることを示してくれます．こういうわけで，表 3.4 のような乱数表は**一様乱数表**と呼ばれます．

一様乱数表は，もちろん，0.1 とか 0.01 とかを単位として表わされた確率を作り出すのにもっとも適しています．たとえば，この書き出しに使ったランダムウォークの例題で十字路にさしかかったとき，直進する確率が 0.5，右折が 0.2，左折が 0.2，後進が 0.1 というように確率を割り当てましたが，その確率を作り出すには乱数表の数字を 1 つずつ読みながら

  0, 1, 2, 3, 4   なら 直進

  5, 6   なら 右折

  7, 8   なら 左折

  9   なら 後進

と判定すればいいのですから簡単です．

ちょっとやっかいなのは，各事象に割り当てられる確率が 0.1 や 0.01 を単位としていないときです．

たとえば，A 事象に 1/2，B 事象に 3/8，C 事象に 1/8 の確率を

配分したいなら

0, 1, 2, 3	なら	A
4, 5, 6	なら	B
7	なら	C
8, 9	なら	パス

とでもしましょうか.

　もっと手数がかかるのは，第1章の怪しからん例題のように，13人に 1/13 ずつの確率を割り振りたいような場合です．乱数表を2桁の乱数として使い，01 から 13 までの数字を1人に1つずつ割り当て，残りの 87 個の乱数をパスするような無駄をするわけにもいきませんから，各人に7個ずつの乱数を割り当てて

00 〜 06	なら	1 人め
07 〜 13	なら	2 人め
	……(中略)……	
84 〜 90	なら	13 人め
91 〜 99	は	パス

とでもしなければ，ならないでしょう.

指数分布の乱数

　あるスポーツジムでの話とでも思ってください．鉄棒の練習に訪れる若者の身長に合わせて，165〜180 cm むきの標準の鉄棒のほかに，170 cm 以下の人しか使えない低めの鉄棒と，178 cm 以上のノッポだけが使える高めの鉄棒を準備しようとしています．若者の到着時刻がランダムなうえに，いろいろな身長の若者がランダムに

現われて鉄棒を 30 分ずつ使うのですが，なるべく待ち時間を少なくするために，高め，中くらい，低めの鉄棒をなん台ずつ準備する必要があるかと思案しているところです．

鉄棒は安価なのだから，たくさん揃えておけばいいなどと茶化さないでください．鉄棒は安くても，都心ではビルの賃料が床面積 1 坪あたり数万円もするのですから，鉄棒が必要以上に床面積を占めることなど許されません．とはいうものの，必要な鉄棒の台数を数学的に計算することは，不可能に近いほど困難です．そこで私たちの切り札，モンテカルロシミュレーションでおおよその見当を付けてしまいましょう．

それにしても，若者たちのランダムな到着時刻をどのように作り出したらいいのでしょうか．また，到着した若者の身長をどのようにして判定したらいいのでしょうか．この 2 つを解決しておかなければ，シミュレーションの作業手順が決まらないではありませんか．

まず，ランダムな到着時刻のほうからいきましょう．若者たちは 1 時間に 12 人の割合で，いいかえれば 5 分に 1 人の割合で到着するのですが，互いになんの打合せもなしに行動しますから，ばたばたと数人がつづいて来るときもあるし，10 分も 20 分も 1 人も来ないこともあります．こういう到着の仕方は社会の中でふつうに見られる現象で，**ランダム到着**または**ポアソン到着**と呼ばれています．そして，ポアソン到着の特徴は，ある若者が到着してからつぎの若者が到着するまでの時間が，指数分布にしたがうことです．いまの例では，その指数分布の平均値が 5 分になっているわけです．*

平均値が5分の指数分布は，図3.7のような形をしています．そして，到着間隔が0〜1分のことが18%もあり，1〜2分が15%，2〜3分が12%と減少していきますが，客の到着が17分とか18分もとだえることも，1%ぐらいずつあることがわかります．ここまでわかれば，乱数表を使ってランダムな客の到着を作り出す方法は前節のいくつかの例と同じです．すなわち，表3.5のように約束すればいいでしょう．一様乱数表を2桁の乱数表とみなして，00から17までのどれかが現われたら到着間隔は1分，18から32までのどれかが出たら2分，……とみなすのです．もっと正確にいえば，最初の18%は到着間隔が0〜1分ですから，これを0.5分とし，

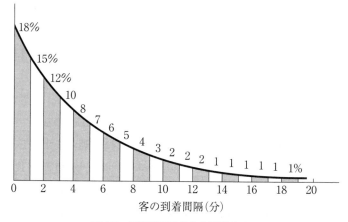

図3.7　到着間隔の分布を近似する

---

* ポアソン到着の理屈については，『ORのはなし【改訂版】』，118ページなどをご参照ください．また，指数分布の性質については『信頼性工学のはなし【改訂版】』，46ページからに，詳しく説明してあります．

3. モンテカルロシミュレーション

以下同様に，1.5分，2.5分，……とするほうがいいかもしれませんが，それほど神経質にならなくてもいいでしょう．

表3.5を使って客の到着時刻を決めるのは簡単です．手元の一様乱数表の乱数が，たとえば

　　73　39　18　51

　　24　……

なら，1番めの客が来てから7分後に2番めの客が，さらに3分後に3番めの客が，さらに2分後に4番めの客が……到着したとみなせばいいわけです．

表 3.5　指数分布への乱数の割り当て

乱　数	乱数の個数	到着間隔（分）
00～17	18	1
18～32	15	2
33～44	12	3
45～54	10	4
55～62	8	5
63～69	7	6
70～75	6	7
76～80	5	8
81～84	4	9
85～87	3	10
88, 89	2	11
90, 91	2	12
92, 93	2	13
94	1	14
95	1	15
96	1	16
97	1	17
98	1	18
99	1	19

　指数分布にしたがう到着間隔は，このように一様乱数を使って発生させることができますが，到着間隔の平均値が変わるたびに，乱数の割り当て表を作り直さなければなりません．そのうえ，もっと精密にしようと思うなら，到着間隔の刻み幅を小さくすると同時に，乱数も3桁くらいは使う必要があるでしょう．毎回そのようなめんどうなことをするくらいなら，いっそのこと指数分布にしたがう乱数を作ってしまえばいいではありませんか．

表 3.6　指数乱数表（自家特製）

0.68	1.39	0.27	0.81	0.10	1.12	0.20	0.42	2.05	0.18
0.37	3.78	0.36	0.72	2.31	0.61	1.25	0.08	0.75	1.40
2.49	0.46	0.90	1.57	0.09	2.90	0.04	2.68	0.27	0.78
0.77	0.12	3.05	0.41	0.93	1.63	1.52	0.55	1.71	0.08
0.05	1.67	0.30	0.02	1.29	0.45	0.63	0.17	0.48	1.77
1.19	0.15	0.83	1.96	0.40	3.52	0.63	0.33	1.10	0.50
0.33	1.16	0.53	0.04	1.48	0.06	1.17	0.93	0.33	1.37
2.49	0.16	0.12	0.93	0.25	1.18	0.23	0.84	0.98	1.31
0.69	1.44	0.37	3.35	0.42	1.84	0.51	0.38	2.16	0.88
0.01	0.58	1.36	0.12	1.12	0.22	1.91	0.66	0.39	2.27

　表3.6が，指数分布にしたがう乱数の表，つまり**指数乱数表**です．これは，平均値が1の指数分布にしたがう3桁の乱数の群です．もし，平均値が5分のポアソン到着の到着間隔が欲しければ，この乱数にそれぞれ5をかけた値を使っていただくことになります．たとえば，1人めと2人めの到着間隔は

　　　$0.68 \times 5 = 3.40$ 分

であり，2人めと3人めの到着間隔は

　　　$1.39 \times 5 = 6.95$ 分

というように，です．このようにすれば，到着間隔がなん分であっても，思いのままにランダムな客の到着を作り出せるというものです．

　表3.6の指数乱数表は，私が図3.7のときよりは一段と精度の高い作業をしたうえで，一様乱数表によって配列をランダム化したものです．手作業のモンテカルロシミュレーションくらいにはじゅうぶん使える精度をもっています．[*]

正規分布の乱数

 こんどは，到着した客の身長をランダムに決めるばんです．客の身長は正規分布にしたがい，平均が 173 cm，標準偏差が 6 cm としましょう．鉄棒で体を鍛えようという若者たちですから，日本男性の平均よりはいくらか大きいのです．

 平均が 173 cm，標準偏差(σ)が 6 cm の正規分布をグラフに描くと図3.8のようになります．この正規分布を図のように 3 cm の幅で区切ることにしましょう．別に 3 cm にこだわらなくてもいいのですが，3 cm は標準偏差のちょうど1/2なので，作業がやりやすいからです．3 cm の幅で区切ったら，正規分布の数表とにらめっこしながら，それぞれの区画の面積を求めてください．たとえば

   176 cm を中心とする 3 cm 幅の区画の面積

   $= 0.25\,\sigma \sim 0.75\,\sigma$ の面積 $\fallingdotseq 0.17$

というように，です．正規分布の曲線が作り出す総面積は 1 ですから，それぞれの区画の面積がそのまま総面積に対するパーセンテージになるので便利です．こうして，図3.8の上辺に並んだ値のように，それぞれの区画が占めるパーセンテージが求まります．これで作業は終わったも同然です．表3.7のように乱数を割り当てれば，到着した客の身長をランダムに発生させる準備は完了です．

 ところで，2ページほど前に，指数分布にしたがう到着間隔は指数乱数表を利用して作り出すほうが便利だと書きました．同じよう

 ＊ 指数乱数や正規乱数などの乱数を数学的につくり出す方法については，その名もズバリ『モンテカルロ法ハンドブック』(朝倉書店)などに紹介されています．

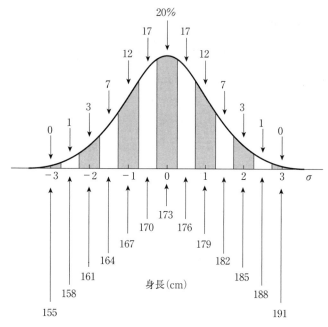

図 3.8 身長の分布を近似する

に，正規分布にしたがう値をランダムに発生させるために**正規乱数表**が用意されています．表 3.8 がその一例で，平均値が 0，標準偏差が 1 の正規分布にしたがう値が 4 桁の乱数として並べられています．たとえば，この表の最初の乱数は 1.231 ですから，最初に到着した若者の身長は

$$173 + 1.231 \times 6 ≒ 180.4 \text{ cm}$$

となるし，2 番めの乱数は -1.297 なので，2 番めの若者は

$$173 - 1.297 \times 6 ≒ 165.2 \text{ cm}$$

であるとみなせばいいわけです．

3. モンテカルロシミュレーション

一様乱数表は各種のものがたくさん市販されていますし，正規乱数表もらくに手にはいります．指数乱数表はめったに見かけませんが，皆無ではありません．これに対して，ポアソン分布，アーラン分布などにしたがう乱数の数表は，理屈の上では存在してもおかしくないのですが，見たことがありません．乱数表を使って手作業で行なうモンテカルロシミュレーションでは，このような分布を使うことがめったにないので，乱数表の需要もないのでしょう．また，いまや Excel 関数で簡単に乱数を発生させられるし，無料の乱数発生ソフトウェアまである時代だということもあるでしょう．

表 3.7　正規分布への乱数の割り当て

乱　数	乱数の個数	身長 (cm)
00	1	158
01 ～ 03	3	161
04 ～ 10	7	164
11 ～ 22	12	167
23 ～ 39	17	170
40 ～ 59	20	173
60 ～ 76	17	176
77 ～ 88	12	179
89 ～ 95	7	182
96 ～ 98	3	185
99	1	188

　最後に，乱数の奇妙な性格について触れておきたいと思います．乱数はランダムな数字の行列です．ランダムなら癖がまったくないのですから，つぎに現われる乱数がなんであるかは見当もつかないはずです．しかし，平方採中法にしても線形合同法にしても，スタートの数字とパラメータを知りさえすれば，だれがやっても同じ乱数ができるのです．つぎの乱数は見当もつかない，どころではありません．だから，このようにして作られた乱数は，ほんとうの乱数とはいえないため，**疑似乱数**といわれます．

表3.8 正規乱数表(『新編 日科技連数値表－第2版－』の一部)

1.231	−1.297	−.521	−1.401	.511
−1.525	−1.142	.826	−.237	−.970
−1.716	−.219	−.180	.882	.765
−.390	−1.105	−.869	.587	−.135
.926	−.967	−.158	−.554	.221
.484	−1.355	.303	.338	1.834
.067	−1.469	−.921	1.847	2.425
.172	−.958	.204	−.713	1.599
−2.271	.298	.092	−.885	−.365
2.293	.878	−.101	−.343	.761
.698	−1.410	.100	.468	.104
−.413	.289	1.059	.282	.060
−.504	.151	.857	.305	1.477
.890	−.176	−1.067	.960	−.236
−.170	−.129	−.128	1.317	−.296
1.281	−.717	1.047	−.860	.549
.601	.988	−.873	.592	−.972
−.272	1.219	.351	.460	1.405
.072	−2.229	1.613	1.145	−.109
1.193	−1.522	.579	.324	.665

とはいえ，だれがやっても同じ乱数が作れるというのは，ことシミュレーションにおいては非常に大きな意味があります．なぜかというと，同じ動作を再現できるからです．これは大きなメリットです．

それなら正真正銘の乱数は，どこにあるのでしょうか．まったく癖のない乱数サイを振ったとき現われる数字は，ほんものの乱数といっていいでしょう．つぎに現われる数字はだれにとっても見当がつかないのですから……．しかし，乱数サイを振りながら現われた数字を記録した数表は，もう正真正銘の乱数とはいえません．な

3. モンテカルロシミュレーション

ぜって，つぎの数字は見ればわかるからです．ランダムでも決まったものは，もうランダムではないのかもしれません．*

　だんだん思考の自己矛盾にはまりかけました．どうやら，乱数という概念は正確には定義できないもののようです．

　この章も，ずいぶん長くなってきました．ランダムウォークの設問でスタートしたこの章は，ランダムウォークのモンテカルロシミュレーションを行なうための準備として乱数の話にはいり，乱数，乱数で20ページ以上も費やしてしまい，ランダムウォークの件は未解決のままです．そのうえ，新たにスポーツジムの適正な鉄棒の数についても問題を提起したままです．この2つの問題の答えを出さないまま，この章を終わるのは心苦しいのですが，章を改めてさっそく問題の解決に挑戦することをお約束して，モンテカルロシミュレーションの中じめとさせていただきます．

　＊　「もし，ほんとうの乱数を作り出せたら絶対に解読できない暗号ができる」と言う方がいます．このことは，人為的なくせのない乱数を作ることがいかに難しいかを訴えているといえるでしょう．

「でたらめ」の「め」は，もともとはサイコロの目のこと
であり，「でたらめ」は「出たら出たその目」のことをいい，
どの目が出るかは運次第という意味だそうです．これなら，
ランダムとほとんど同意語です．

　ところが，どの目が出るかは運次第で，あとのことは知る
ものかという無責任な感じに転用されたあげく，出鱈目とい
う当て字さえ与えられ，筋の通らない勝手なふるまい，め
ちゃくちゃな言動などの意味に使われるようになってしまっ
たのは残念至極です．

　「でたらめ」が本来の意味に使われていれば，無作為（むさくい）など
という無粋な言葉を使わなくてすむのに，と思うのです．

4. モンテカルロシミュレーション

ーその2. 手作業でやってみるー

確率的な現象をシミュレートするには，モンテ
カルロ法しかありません．しかし，モンテカルロ
法の精度をよくするためには，たいへんな繰返し
回数が必要になるので，ふつうはコンピュータ
を使いますが，ここでは，モンテカルロ法の一
部始終を知るために，手作業で実行してみます．
ついでに，モンテカルロ法の風変わりな使い方
もご紹介します．

帰ってくるか酔っぱらい

「貸しは取らず借りは払わず」というほど貸し借りに鷹揚な人もいるようですが，私は百円を借りているだけでも気になって，酒がうまくなくなるたちです．とりあえず前の章での借りを精算しないことには，話を先へ進める気力が湧きません．

借りの第一は，ランダムウォークのモンテカルロシミュレーションでした．問題を整理しましょう．図4.1のように，碁盤の目のように整然とした街路の北側と東側は，壁で行き止まりになっています．ただし，壁に沿った道も通行は可能です．北の壁から南へ4本めの道路と，東の壁から西へ5本めの道路が作る交差点から，泥酔した酔っぱらいがまさにスタートしようとしています．歩き出した酔っぱらいが12回だけ交差点を通過した後に，どのあたりをうろついている可能性が大きいかを，モンテカルロシミュレーションで見当をつけてみようというのが，私たちの宿題でした．

出発点から東・南・西・北のいずれの方向に歩き出すかは，それぞれ1/4ずつの確率ですが，スタートした後は十字路などに差しかかるたびに，図4.2の確率で進む方向が決まります．すなわち十字路では，いくら酔っぱらいでも慣性力があるので，直進する確率がいちばん大きく0.5，右折と左折

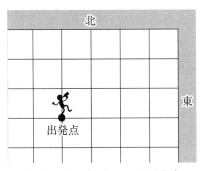

図4.1 ランダムウォークの出発点

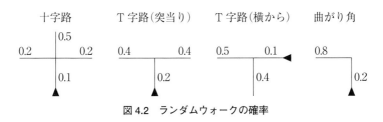

図 4.2 ランダムウォークの確率

はそれぞれ 0.2,バックする確率は 0.1 です.T字路に突き当たったときには,右折と左折が 0.4 ずつ,バックが 0.2 とします.

また前章では,ごみごみするのを避けるために書きませんでしたが,横からT字路へ進行してくることもあり,その場合には,直進が 0.5 でバックが 0.1 のほか,右か左の曲がれるほうへ曲がる確率を 0.4 としましょう.そして最後に,北東の角に差しかかったら,曲がって進むことが 0.8,バックすることが 0.2 の確率で起こるものと仮定します.たくさんの約束があってくたびれますが,なにせ,相手が酔っぱらいですから,ご勘弁ください.

これらの確率を発生させるために,表 4.1 のような乱数表を使いましょう.これは 94 ページの乱数表と同じ出所のもので,表 3.4 では横長にとってありましたが,こんどは縦長にとりました.

つぎに,約束どおりの確率を発生させるために,これらの乱数を直進,右折などの行動に割り当てましょう.表 4.2 のようにすればよさそうです.

これで準備完了.さっそく出発点からランダムウォークを始めたいのですが,ここでちょっとした知恵を働かせます.

出発点において酔っぱらいの先生は,東南西北いずれの方向にも 1/4 ずつの確率で歩きはじめるのでした.

表 4.1　ここで使う乱数表

82	69	41	01	98	53	38	38	77	96
17	66	04	63	41	77	51	83	33	14
58	26	41	01	59	68	98	40	57	93
07	16	73	31	65	61	64	17	83	92
13	43	40	20	44	75	93	89	23	44
26	86	01	11	93	19	96	29	40	36
38	75	35	82	11	00	81	89	17	75
62	86	84	47	47	44	88	10	83	73
62	88	58	97	83	35	14	27	88	69
56	63	41	73	69	71	11	08	02	22
22	64	95	98	05	66	83	86	98	01
92	77	38	93	35	66	98	43	50	87
72	31	02	74	28	95	57	25	71	05
96	24	11	47	32	79	92	28	60	76
92	76	08	37	03	42	02	88	03	51
62	30	11	43	58	64	54	72	13	14
44	80	77	97	30	33	80	68	83	88
47	07	55	30	25	42	02	47	27	28
64	07	82	05	27	12	84	96	51	74
83	65	17	55	22	11	24	61	41	94
56	78	68	91	56	20	25	96	71	17
94	14	77	00	08	03	31	01	74	18
89	03	76	89	00	66	41	72	40	99
47	50	75	77	58	50	10	81	87	28
13	53	30	19	65	45	70	06	41	99

この確率を作り出すとすれば，乱数の0と1を東に，2と3を南に，……(中略)……，8と9は「やり直し」と割り当てておき，現われた乱数によって第1ステップを踏み出す方向を決めればいいし，なん十回もシミュレーションを繰り返しているうちには，ほぼ1/4は東へ，ほぼ1/4は南へ，ほぼ1/4は西へ，ほぼ1/4は北へ踏み出すことになるでしょう．そして，シミュレーションの回数が多くなればなるほど，東南西北は1/4ずつに限りなく近い確率を分け合うにちがいありません．

つまり，シミュレーションの回数が少ないときに1/4ずつの確率からずれているとすれば，そのずれはシミュレーションの誤差なのです．そこで，この誤差を取り除くために，ランダムウォークの第1歩は，東南西北へ同回数だけ

4. モンテカルロシミュレーション

表 4.2 乱数の割り当て

乱　数	十字路	T字路(突当り)	T字路(横から)	曲がり角
0〜4	直　進	やり直し	直　進	やり直し
5, 6	右　折	右　折	曲がる	曲がる
7, 8	左　折	左　折	曲がる	曲がる
9	後　進	後　進	後　進	後　進

踏み出させようと思います.

　このような段取りをするために，私たちはとりあえず 40 回のシミュレーションをすることにしましょう. 40 回のうち 10 回は東へ，10 回は南へ，10 回は西へ，10 回は北へ，第 1 ステップを踏み出そうというわけです. そうすると，第 1 ステップの移動結果は図 4.3 の上段のように分布するはずです.

　つぎに，図 4.3 の上段の図で，出発点から北へ 1 区画のところにいる酔っぱらいについて考えてみてください. この酔っぱらいは，0.5 の確率で直進，つまり北へ向かいます. そして，0.2 の確率で右折して東へ，同じく 0.2 の確率で左折して西へ，また，0.1 の確率で南へ引き返します. すなわち，10 回ぶんのシミュレーションのうち，5 回は北へ，2 回は東へ，2 回は西へ，1 回は南へ，第 2 ステップを踏み出すのです. その様子を書き込んだのが中段の図です. 出発点から東へ 1 区画のところにいる酔っぱらいについても，南と西のところにいる酔っぱらいについても，同様に第 2 ステップの方向を区分できます.

　こうして第 2 ステップの移動が終わると，40 回のシミュレーション結果は，図 4.3 の下段のように分布するはずです. ただし，いちばん北にある「5」は，いずれも南から来たものですが，右上にあ

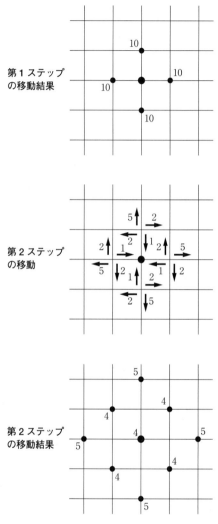

図 4.3　ここまでは確率どおりに配分する

4. モンテカルロシミュレーション

る「4」は，西から来たもの2つと南から来たもの2つが混ざっています．また，中央の「4」は，東南西北から来たものが1つずつですから，その後の進行方向を決めるときには，分けて考えなければなりません．

シミュレーションの回数が40回なら，ここまでは確率どおりに進行方向を区分できますが，これ以上は困難です．試しに第3ステップに進んでみてください．数字はコンマ以下になるし，いくつかの交差点には4方向から酔っぱらいがいろいろな確率で進入してくるなど，たいへん錯綜してしまい，よほど緻密な方でなければ参ってしまうでしょう．そこで，第2ステップまでの移動が終わった図4.3下段の分布からあとの10ステップは，モンテカルロシミュレーションに頼ることにしましょう．

出発点からいきなりモンテカルロ法でいいではないかとのご意見もあろうかと存じます．けれども，本来，理論計算などでは手に負えないから，多少の誤差は覚悟の上で，最後の手段として採用するのがモンテカルロシミュレーションなのです．したがって，容易に道理を追えるところまでモンテカルロ法に頼るのは，本末転倒です．だから，第2ステップまでは確率計算どおりに移動させたうえで，確率計算がむずかしくなる第3ステップから，モンテカルロシミュレーションをしようというわけです．*

＊　この考え方は，標本を抽出する際に，なんのくふうもなく母集団からランダムに標本を抽出するのではなく，あらかじめ母集団をほぼ等質な**集落**に分けたり，ほぼ異質な**層**に分けたりしたうえで無作為抽出を行ない，抽出による誤差を減らそうとする考え方と相通じるものがあります．

帰ってきた酔っぱらい

　長らくお待たせしました．第 1 回めのシミュレーション開始です．出発点から北へ 2 区画離れたところにある「5」のうちの 1 つを，ウォークさせていきましょう．使う乱数は表 4.1 の 1 行め

　　　　826941019853338……

です．まず，8 は表 4.2 によって左折です．私たちの酔っぱらいは南から来たのですから，「8」によって西へ進みます．図 4.4 のようにです．つぎの乱数は 2 ですから，酔っぱらいは西へもう 1 区画だけ直進します．つぎの乱数は 6 なので右折します．壁に突き当たってしまいました．

　つぎの乱数は 9 です．表 4.2 の T 字路（突当り）の欄を見ていただくと 9 は後進ですから，いま来た道を引き返します．このあとの乱

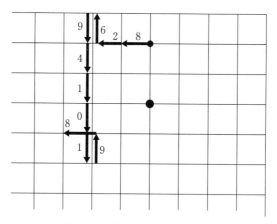

図 4.4　1 回目のシミュレーション
　　　（乱数は 8269410198）

数は 4，1，0，1 とつづくので，さらに 4 区画だけ南へすすみます．
つぎの乱数は 9 なので 1 区画だけバックし，つぎの 8 によって左
折……，これで 10 区画（おおもとの出発からは 12 区画）のランダム
ウォークが終わりました．1 回めのモンテカルロシミュレーションが
終了です．ランダムウォークの最後の位置は，出発点から南へ 1 区
画，西へ 3 区画だけ離れた地点ですから，これを記録してください．

　2 回めのシミュレーションに移りましょう．やはり，出発点から
北へ 2 区画いったところにある「5」のうちの 1 つについてです．
乱数としては表 4.1 の 2 行め

　　　　　1 7 6 6 0 4 6 3 4 1 7 7 5 1 ……

を使いましょう．乱数表のどこから乱数を選ぶかについては，サイ
コロを振ってページや行を決めたり，乱数表の上に鉛筆をころがし
て芯の先が指さすところから使いはじめたり，いろいろな方法が推
奨されています．要は，乱数表を眺めて気にいった場所を作為的に
選んだりしてはならず，また，いちど使った場所は 2 度と使っては
いけない，ということですから，2 回めのシミュレーションのため
には，2 行めを使うのが素直なところでしょう．

　では，ランダムウォークをグラフ用紙の上でやってみてくださ
い．どなたがやっても

　　　　1：　　北へ進み壁に突き当たる

　　　　7：　　左折して壁に沿って進む

　　　　6：　　つぎの角を左へ曲がる

　　　　………（以下，省略）………

という経過をたどり，途中で 3，4，1 という乱数が「やり直し」の
ために無駄になりますが，10 区画のランダムウォークのすえに，

酔っぱらいの旦那は出発点から北へ2区画，西へ6区画の交差点に到着しているにちがいありません．この結果を記録して，2回目のランダムウォークを終わります．

つづいて，3〜5回めのランダムウォークを，出発点から北へ2区画のところからシミュレートしてください．そのあとは，出発点から北へ1区画，東へ1区画の地点から始めるランダムウォークを4回やっていただくのですが，そのうち2回は，酔っぱらいは西からその地点にきていたし，他の2回は南からきていたことに注意しなければなりません．

こうして，1回ごとに乱数を1行ずつずらしながら，40回のランダムウォークを行ない，その結果を記録していただきます．* 40回もランダムウォークさせるのは大仕事のように思われるかもしれませんが，意外にそうでもありません．数回もやっているうちに，乱数が5と6なら右折（右折できないときは左折）とか，9ならバックとかが身について，左の人差し指で乱数を1つずつ押えながら，右手の鉛筆がグラフ用紙の上を動いていくようになりました．私は40回のランダムウォークを，だれの手も借りずに1時間半で終了しました．

図4.5が私が行なったモンテカルロシミュレーションの結果です．たった40回のデータから，北と東が壁で行き止まりになっている街路でのランダムウォークの性格を云々するのは早計にすぎるかもしれませんが，だいたいつぎのような感じが読みとれます．

酔っぱらいは，直進しやすい性格を与えられているにもかかわら

---

*　表4.1には乱数が25行しか載せてありませんが，巻末の付録(4)にたっぷりと載せてあります．

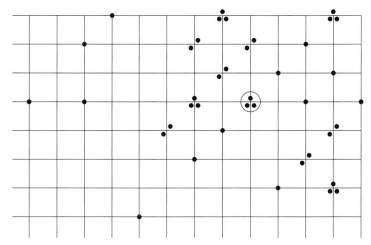

図 4.5　40 回のシミュレーションの結果（それぞれ 12 区画）

ず，出発点からひどく遠ざかってしまうことは稀なようです．図 4.6 に，出発点からなん区画くらい遠ざかったかの棒グラフを描いてみました．12 区画もうろうろしたあげく，出発点から 4 区画くらいしか離れていないことが多く，8 区画の遠くまでたどり着いたのは，4/40 にすぎません．それに，12 区画も行きつ戻りつしたあげく，出発点に帰ってきた愛すべき酔っぱらいが 3/40 もありました．生産性ゼロのランダムウォークでしたね．

酔っぱらいがあまり遠ざからないのは，北と東に壁があって行く手を阻

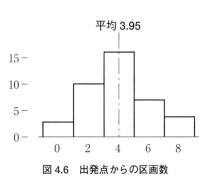

図 4.6　出発点からの区画数

んでいるからと思い，出発点より北側に到着した酔っぱらいと南側
に到着した酔っぱらいを比較してみました．

北側 17 ケース　　　出発点からの区画数の平均　4.2

南側 13 ケース　　　出発点からの区画数の平均　4.6

北側の壁が酔っぱらいを遠出させない効果を生んでいるようにも見
えます．ところが，出発点より東側に到着した場合と西側に到達し
た場合を較べると

東側 16 ケース　　　出発点からの区画数の平均　4.5

西側 19 ケース　　　出発点からの区画数の平均　4.3

となり，反対の効果が見られます．どうやら，12区画だけランダ
ムウォークする場合についていえば，出発点から3区画とか4区画
だけしか離れていない壁は，酔っぱらいの平均到達距離にはほとん
ど影響しないようです．

　これでラングムウォークのモンテカルロシミュレーションを終わ
ります．行く手を阻む壁があったり，前後左右へ進む確率が異なる
など，七面倒な条件がついていて数理的に解くことのできないラン
ダムウォークの性格に，とにもかくにも一応の見当をつけることに
成功しました．モンテカルロシミュレーションの便利さを改めて思
い知った感じです．

　ほんとうのところは，いまの条件でのシミュレーションもたった
40回では物足りず，少なくとも数百回くらいは欲しいところです．
それに，酔っぱらいの歩く区画の数や前後左右へ進む確率をいろい
ろ変化させたり，壁の有無や位置を変えたりしたときのランダム
ウォークの性格も知りたいものです．どうぞ，ご用とお急ぎのない
方は，いろいろなランダムウォークの性格をモンテカルロ法で確か

めて，酒呑みの亭主に泣く奥様方を，酔っぱらってもあまり遠くまで行くことは稀だから，と慰めてあげていただけませんか．

まず初期条件を決める

前章での借りの第二は，鉄棒の練習をしに訪れる若者たちのために，なん台の鉄棒を準備しておくのが最適かをモンテカルロシミュレーションで解明することでした．

問題を整理しましょう．若者たちは平均5分の間隔でランダムに訪れ，空いている鉄棒，もしくはしばらく待った後に空いた鉄棒を使って30分だけ練習し，帰っていきます．若者たちの平均身長は173cmで，6cmの標準偏差で正規分布しています．鉄棒には低め(L)，ふつう(M)，高め(H)の3種類があり，Lは170cm以下の若者むき，Mは165〜180cmの若者に適し，Hは178cm以上の若者しか使えません．さぁ，若者をあまり待たすこともなく，鉄棒が空いている時間も少なくするためには，どの高さの鉄棒をなん台，準備しておけばいいでしょうか．

若者たちは平均すると5分に1人の割で現われ，鉄棒を30分だけ独占するのですから，6台の鉄棒を用意しておけば，ちょうど過不足のないかんじょうです．とりあえず鉄棒は6台としてみましょう．さらに，正規分布の性質によって

170 cm 以下	は	約31%
165 〜 180 cm	は	約59%
178 cm 以上	は	約20%

ですから，これらの比を勘案して6台の鉄棒を

Lに2台，　Mに3台，　Hに1台

と振り分ければよさそうです．

さっそく，シミュレーションを開始したいのですが，どのような状況からスタートしましょうか．鉄棒がぜんぶ空いている状態からスタートしたのでは，始めのうちに訪れる若者たちの数人は待ち時間がゼロです．私たちが知りたいのは，若者たちの待ち時間と鉄棒の空き時間が平衡状態になったときの状況なのに，これでは，その状態になるまでにかなりの時間を要してしまいそうです．それなら，ほぼ平衡状態に近づいたと思われる状況からシミュレーションをスタートすればよさそうですが，その平衡状態の様子を知りたくてシミュレーションをしようとしているくらいですから，「ほぼ平衡状態」などわかるはずがありません．

そこで，つぎのように考えます．平均的に見れば，6台の鉄棒はいつもほぼ満杯の状況にあり，また，5分に1台の割で空くのですから，ゼロの時刻の寸前までは6台とも使用中で，ゼロの時刻ぴったりに1台の鉄棒が空くと同時に，最初の客が到

表4.3　ランダム到着のために

乱　数	到着間隔(分)
00〜17	1
18〜32	2
33〜44	3
45〜54	4
55〜62	5
63〜69	6
70〜75	7
76〜80	8
81〜84	9
85〜87	10
88，89	11
90，91	12
92，93	13
94	14
95	15
96	16
97	17
98	18
99	19

4. モンテカルロシミュレーション

着するとしましょう．その
後，客は平均 5 分間隔でラ
ンダムに到着し，残る 5 台
の鉄棒は，とりあえず 5 分
に 1 台ずつ空いていくとし
ます．3 種類の鉄棒が空く
順序は

M　L　M　H

M　L

とするのが公平なところで
しょう．これで，シミュ
レーションをスタートする
ときの**初期条件**は整いました．

表 4.4　正規分布のために

乱　　数	身長(cm)	使える鉄棒
00	158	L
01 ～ 03	161	L
04 ～ 10	164	L
11 ～ 22	167	L，M
23 ～ 39	170	L，M
40 ～ 59	173	M
60 ～ 76	176	M
77 ～ 88	179	M，H
89 ～ 95	182	H
96 ～ 98	185	H
99	188	H

　すでに私たちは，平均 5 分間隔のランダム到着を実現させるため
の乱数の割り当てや，若者たちの正規分布する身長を決めるための
乱数の割り当ては，前の章で作業をすませてありました．一部の
重複を許していただいて，表 4.3 と表 4.4 にそれを掲げてあります．
また，乱数は表 4.5 を使いましょう．こんどは，2 桁ずつの乱数と
して使うのです．[*]

　これで，すべての準備が完了しました．あと必要なのは，記録す
るための道具と，それから僅かの労力だけです．

---

　[*]　表 4.5 の乱数は付録(4)の 41 行め以降です．なにしろ，ランダムウォー
　　ク で 40 行まで使ってしまいましたから．

表 4.5　ここで使う乱数

到着間隔→	73	39	18	51	24		23	89	51	91	16		26	52	05	39	87
	91	28	53	00	70		16	18	39	81	82		09	86	94	36	59
	46	82	06	04	38		20	67	31	59	26		39	73	23	24	24
	81	15	86	25	86		07	58	60	18	93		52	52	04	59	53
	43	77	34	49	86		98	20	99	18	81		92	46	75	32	82
身長→	67	26	67	28	42		03	30	79	21	30		73	85	83	99	12
	38	25	56	88	83		92	02	54	80	38		51	66	56	77	51
	90	15	30	77	30		47	72	29	66	14		40	96	25	45	96
	61	53	95	73	24		87	94	87	35	18		59	18	82	99	75
	85	59	27	83	53		19	80	44	68	77		86	86	73	88	75

ランダム到着のシミュレーション

　では，モンテカルロシミュレーション開始です．ゼロの時刻に1台のMサイズの鉄棒が空くと同時に，1番めの客の到着です．その客の身長を決める乱数は，表 4.5 によって 67 です．乱数の 67 は表 4.4 によって 176 cm の身長を意味し，使える鉄棒はMだけです．したがって，この客は直ちに空いたばかりの鉄棒に案内されます．客の待ち時間はゼロ，鉄棒の空き時間もゼロでした．ラッキー！

　つぎに，到着間隔を決めるほうの乱数を見てください．73 です．これは表 4.3 によって 7 分ですから，2 番めの客が 7 分後に到着することを意味します．この若者の身長を決める乱数は 26 なので，身長は 170 cm，使える鉄棒はLかMです．たまたま，初期条件の約束にしたがってゼロ時刻の 5 分後，つまり 2 番めの客が到着する 2 分前にLサイズの鉄棒が空いていますから，2 番めの客はそこへ案内されます．客の待ち時間はゼロでしたが，鉄棒のほうは 2 分だ

け空いていました.

3番めの客は,乱数39によって2番めの客より3分おくれ,シミュレーションのスタートから通算すると10分後に到着し,身長は乱数67によって176 cm,使える鉄棒はMのみ,と決まります.ちょうどそのとき,運よく初期条件の約束によってMサイズの鉄棒が空きましたので,3番めの客は待ち時間ゼロでそこへ案内されます.

その2分後に4番めの客が到着します.身長は170 cmですから,LでもMでも使えるのですが,LもMも空いていないので,しばらく待ってもらわなければなりません.到着後3分ばかりでHサイズの鉄棒が空くのですが,身長との相性が悪くて使えず,さらに5分も待ってから,やっとMサイズの鉄棒にありつけます.

5番めの客は,もっと惨めです.もっとも標準的な173 cmの身長で,もっとも標準的なMサイズの鉄棒が好みなのに,運悪くMの鉄棒になかなか空席ができず,後から来た6番めの客がLサイズの鉄棒に案内されるのを恨めしげに見送り,14分も待たされてしまいます.そしてこの間,Hサイズの鉄棒は,だれにも利用されず遊びっぱなしです.

物語りは,まだまだつづきます.これらの物語りを図に描くと図4.7のようになります.いや,そうではありません.乱数表と乱数の割当表を見ながら客の到着時刻をグラフにプロットし,身長にふさわしいサイズの鉄棒が空き次第,そこへ客を矢線で案内していくと図4.7が描かれ,それを見ながら物語りを書いてきたのです.図を描くのは思ったよりやさしく楽しい作業でした.しかし,図を描かずに頭の中だけで物語りを追うのは,凡人には,不可能な難事です.

シミュレーションを開始してから僅か50分ほどで図4.7は終わっ

124

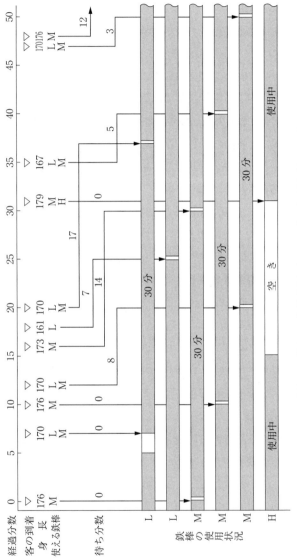

図 4.7 僅か 50 分だけのシミュレーションですが

ています．この辺では，客の待ち時間と鉄棒の空き時間が平衡状態に達しているとは言えないかもしれません．だから，ほんとうはさらにグラフを継ぎたしながら，100分ぶんくらいは作業をつづけたいし，作業をつづけるのは容易なのです．けれども，この本の1ページに納めるにはこのくらいが限度だろうと思って，心残りではありますが，50分のところでシミュレーションを打ち切りました．

　こういう理由で，図4.7はいくらか中途半端なシミュレーション結果なのですが，それでも客の待ち時間や鉄棒の空き時間について，おおよその見当がつきそうです．

　まず，鉄棒の空き時間はあまりないのに，客のほうはかなり待たされているのが目につきます．しかも，これから先，待ち時間が改善される気配はありません．考えてみれば，平均して5分ごとに到着する客が30分ずつ鉄棒を使うのですから，6台の鉄棒がめいっぱいに使われたときに，やっと客を消化できるかんじょうです．どこかで鉄棒に空き時間ができると，それから先は鉄棒がフル稼働しても空き時間のぶんを取り戻すことはできず，鉄棒に空きができるたびに，借りが増えていくはずです．これでは，客の待ち時間は長くなる一方ではありませんか．*

　L，M，Hの各サイズの鉄棒を比較してみると，HやLと較べてMサイズの鉄棒が不足しているようにも見えますが，たった50分ぶんのシミュレーションで結論めいたことをいうのは，早とちりにす

＊　身長が使える鉄棒に影響するという条件がなく，同じ条件の6台の鉄棒を平均5分の間隔でランダムに到着する若者たちが使う場合なら，「待ち行列理論」で克明に調べられています．もっとも，ふつうは各人が鉄棒を使う時間も指数分布するとして取り扱っています．

ぎるようです．私がそっとシミュレーションをつづけてみたところ，Hサイズがたった1台しかなくて融通がきかないために，Hしか使えないノッポ君が，ひどく長く待たされる場面にぶつかりました．

このように，あまり短時間のシミュレーションで判断を急ぐと，まちがった結論になることがありますが，長くつづければつづけるほど，判断材料はじゅうぶんに整い，正しい結論に到達するであろうことは明らかです．私たちの鉄棒の問題を数学的に解明することは非常にむずかしいのですが，モンテカルロシミュレーションの助けを借りれば，誰にでも容易に一応の答えが得られることがわかり，力強い新兵器を手に入れた思いです．

ところで，どうやら6台の鉄棒では足りず，そして，Hサイズのように1台だけというのでは，客がひどく待たされるおそれがある，というのが私たちのシミュレーションの結論だったようです．それなら，鉄棒を8台にふやし，内訳をLが2台，Mが4台，Hが2台としたら，どうなるでしょうか．と思ったら，さっそくシミュレーションをしてみてください．1～2時間もあれば，けっこう正しい結論を得るにちがいありません．

そのときおもしろいのは，乱数の使い方です．この本では，乱数表の同じ箇所を再び使ってはいけないと強調してきました．また，乱数を作り出すための平方採中法や線形合同法の欠点として，乱数が周期性を持ってしまうことをあげたのも，同じ乱数を再び使うことになるからです．それにもかかわらず，鉄棒を8台にふやしたときのシミュレーションでは，6台のときに使ったのと同じ乱数を再び使うことをおすすめしたいのです．そうすることによって，モンテカルロシミュレーションにつきまとう誤差の一部が共通になりま

同じ乱数を与えて　できばえを
比較する……こともある

すから，6台と8台との差が浮かび上がりやすいと期待されます．

　一般に，ある現象のシミュレーションを少しずつ条件を変えながら行なって，条件の変化による結論どうしを比較したいときには，同じ乱数をなん回も使うことが少なくありません．乱数表なら同じページの同じところから繰り返し使用するし，線形合同法を使って乱数を発生させるなら，同じ数値からスタートするなどです．乱数にとっての欠点を逆に利用して，シミュレーションの誤差を減らそうというわけです．毒もじょうずに使えば薬になる，というところでしょうか．

モンテカルロで π を求める

どんなに数字が嫌いな方でも，円周率 π を知らない人はいないで

しょう．そして，円の直径にπをかけると円周の長さになるし，円の半径の2乗にπをかけると円の面積が求まることも，多くの方にとっては常識です．このπは，いまではクラウドを使って30兆桁以上も計算されていて，驚くと同時に，そんなに計算してなんになるのかなと素朴な疑問が湧いたりもするのですが，こういう計算を正確かつ短時間で行なうためには，数学的に凝ったくふうと相当な経費が必要です．

いっぽう，数学が嫌いな方にとっても実用的な精度でπの値を求めるのは，わけもありません．茶筒のような円柱形の周囲に糸を巻いて円周の長さを測り，その値を円柱の直径で割りさえすれば，3.1くらいの値が立ちどころに計算できます．

それにもかかわらず，ここではモンテカルロシミュレーションでπの値を求めてみようと思います．そんな変なことをしてなんになるのかと，素朴な疑問も湧くでしょうが，ぐっとおさえて，お付き合いください．そして，πが3.14……という値であったことはさっぱりと忘れて，πが私たちにとって未知の値であると思い込んでください．

πをモンテカルロ法で求めるために，円の半径の2乗にπをかけると円の面積になるという性質を利用します．図4.8を見てください．

図には，辺の長さが1の正方形と，それに内接する四半分の円が描いてあります．正方形の面積はもちろん1です．

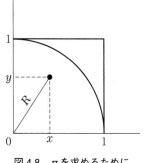

図4.8　πを求めるために

そして，

$$四半分の円の面積 = \frac{1}{4}(1^2 \times \pi) = \frac{\pi}{4} \tag{4.1}$$

です．したがって

$$正方形の面積：四半分の円の面積$$
$$= 1：\pi/4 \tag{4.2}$$

です．そこで，この正方形の中にランダムに n 個の点を落とし，そのうちの r 個が四半分の円の中に落ちたとすれば

$$\frac{r}{n} \fallingdotseq \frac{\pi}{4} \tag{4.3}$$

$$\therefore \ \pi \fallingdotseq 4\frac{r}{n} \tag{4.4}$$

となるでしょう．そして，n が大きくなればなるほど，左辺と右辺はだんだんと正確に等しくなっていくにちがいありません．

図 4.8 の正方形の中にランダムに一様分布の点を落とすために，一様分布の乱数を使いましょう．乱数は巻末の乱数表の 1 行めから使っていきます．この乱数はすでにランダムウォークのシミュレーションで使ったので，再び使うのは望ましくないのですが，テーマが変わったことで許していただきましょう．乱数は

　　　　82　69　41　01　98　53　……

とつづきますが，ここでは，これを

　　　　0.82　0.69　0.41　0.01　0.98　0.53　……

とみなします．そして，2 つずつの乱数を一対にして

$$\begin{cases} x = 0.82 \\ y = 0.69 \end{cases}$$

のように取り扱います．こうすると，図 4.8 のように

$$R = \sqrt{x^2 + y^2} \tag{4.5}$$

であり，この値が

$$\sqrt{x^2 + y^2} \leqq 1 \tag{4.6}$$

であれば点は円の中に落ちているし

$$\sqrt{x^2 + y^2} > 1 \tag{4.7}$$

であれば円の外に落ちていることは明らかです．したがって，乱数の n 対についてこのような値を求め，n 対のうち r 対が式(4.6)に合格していることがわかれば，式(4.4)によって，π の値が求められるというものです．

　では，さっそくやってみます．式(4.6)は両辺を 2 乗して

$$x^2 + y^2 \leqq 1 \tag{4.8}$$

として使いましょう．乱数の最初の一対は，0.82 と 0.69 でしたから

$$0.82^2 + 0.69^2 = 1.1485 \tag{4.9}$$

となり，これは 1 より大きいので，最初の点は円から外れたことを意味します．2 つめの点は，乱数 41 と 01 を使って

$$0.41^2 + 0.01^2 = 0.1682 \tag{4.10}$$

です．1 より小さいので円の中に落ちました．2 戦 1 勝です．

　同様な作業を 10 回までつづけたところ，10 戦 6 勝でした．この結果から計算される π は式(4.4)によって

$$\pi \fallingdotseq 4 \times \frac{6}{10} = 2.4 \tag{4.11}$$

となります．私たちは π の値をさっぱりと忘れているからいいようなものの，たった 10 回のシミュレーションでは，あまり当てにならないかもしれません．

4. モンテカルロシミュレーション　　　**131**

　そこで，シミュレーションの回数を 20 回，30 回，40 回，50 回とふやしていきました．その結果が表 4.6 です．50 対もの乱数を使って 50 個の点を図 4.8 の正方形の中にランダムに落とすと，そのうちの 39 個が四半分の円の中に落ちたので，その値によって π を計算してみると，3.12……，突然 π の値を思い出したとしても，そう恥ずかしい値ではありませんね．

表 4.6　だんだん π らしく……

n	r	π
10	6	2.40
20	15	3.30
30	23	3.06
40	31	3.10
50	39	3.12

　さらに点の落としかたをきめ細かくするために，乱数の桁数をふやすとともにシミュレーションの回数を多くしていけば，脚注*にあるような π の値にどんどん近づいていくであろうことは想像に難くありません．こうして，モンテカルロシミュレーションによっても，π の値が求まることが実証されました．

　遠くから声が聞こえてきます．なにもランダムに点を落とさなくても，図 4.8 の正方形の縦と横をそれぞれ 100 等分して 10,000 個の格子を作り，10,000 個のうちなん個が四半分の円内にあるかを調べればいいではないか，というのです．ごもっともなようにも聞こえますが，その方法では，どこから調べはじめるにしても，10,000 個の調査が終わらないうちは答えが出せません．それに較べてモンテカルロ法では，n がほどほどに大きくなれば，どこで打ち切ってもそれなりの精度で π の値が求まるし，答えの精度がどの程度である

---

　*　π の値は，3．1 4 1 5 9 2 6 5 3 5 8 9 7 9 3 2 3 8 4 6（身一つ世一つ，生くに無意味，いわく泣く身，文や読む）とつづきます．

かを評価することも，さほどむずかしくありません．ここにも，モンテカルロ法の魅力があります．

最後に，有名な変な話をご紹介します．紙の上に等間隔の平行線をたくさん引いておきます．そして，長さが平行線の間隔の 1/2 であるような針を持ってきて，無心に紙の上に落とします．落とした回数を n，そのうち針が平行線と交わった回数を r とすると，n が大きくなるにつれて

$$n/r \fallingdotseq \pi \tag{4.12}$$

になるというのです．これが**ビュフォンの針**と呼ばれる有名な問題です．別に，針を落として円周率を求めることを勧めているわけではなく，確率計算の例題なのですが，モンテカルロ法の例題として紹介されることも少なくないので，付録(2)に式(4.12)が成立する理由を載せておきました．

モンテカルロで積分する

こんどは，数学ぎらいの人にとっては見るのもおぞましい積分記号が登場します．

$$\int_0^2 x^2 dx \tag{4.13}$$

数学ぎらいでない方にとっては，暗算で答えが出る程度の問題かもしれませんが，いまは積分の公式を忘れてしまったものとして，モンテカルロシミュレーションで答えを求めてみようというのです．

式(4.13)の意味は，図 4.9 に描かれた

$$y = x^2 \tag{4.14}$$

の曲線と x 軸にはさまれた面積を，x が 0 から 2 までの区間について求めることです．したがって，前節で π をモンテカルロ法で求めたときと同様に，幅が 2 で高さが 4，面積は 8 の長方形の中にランダムに n 個の点を落とし，そのうちの r 個が薄ずみを塗った面積の中に落ちたら，所望の答えはおおむね

$$8 \times \frac{r}{n} \tag{4.15}$$

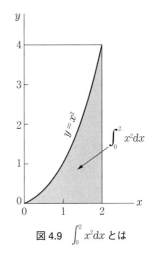

図 4.9　$\int_0^2 x^2 dx$ とは

として，しごく簡単に求められるにちがいありません．

　さっそく作業を始めます．使う乱数は，前節と同じように

　　0.82　0.69　0.41　0.01　0.98　0.53　……

としましょう．同じ乱数を再び使ってはいけないと繰り返しておきながら，再び禁を犯すのは，どなたにでも容易に私の作業結果を実検していただけるように付録の乱数表を頭から使うためです．お許しください．

　さて，こんどは少し困りました．前節では，辺の長さが 1 の正方形の中へ点を落とすために乱数を使いましたから，0.00 〜 0.99 の乱数でちょうど間に合いました．しかし，こんどは，x 方向が 2，y 方向が 4 の長方形の中へ，一様分布の点をランダムに落とさなければなりません．そこで，x 用の乱数は 2 倍し，y 用の乱数は 4 倍して使うことにしましょう．たとえば，最初の一対の乱数は

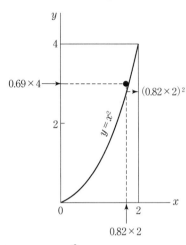

図 4.10 $\int_0^2 x^2 dx$ を求めるために

$$\begin{cases} x = 0.82 \times 2 = 1.64 \\ y = 0.69 \times 4 = 2.76 \end{cases}$$

として使うのです．したがって，この一対の乱数による点は，図 4.10 の中の黒点のように落とされます．この黒点が所望の区画の中に落ちているか否かの判定は，

$(x 用の乱数 \times 2)^2$
$\geqq y 用の乱数 \times 4$

なら区画内に命中ですし，そうでなければ外れであることは図から明らかでしょう．

私たちの最初の一対の乱数の場合

$(0.82 \times 2)^2$ と 0.69×4

を比較すると

$$2.6896 < 2.76 \tag{4.16}$$

ですから，タッチの差で外れ．2 番めの一対については

$$(0.41 \times 2)^2 > 0.01 \times 4 \tag{4.17}$$

なので当たり，というぐあいにつづきます．

こうして，作業を 10 回，20 回，……，50 回とつづけながら，そこまでの n と r の値から式 (4.15) によって，私たちに課せられた定積分の答えを計算してみたのが表 4.7 です．実は，正しい答えは

$$\int_0^2 x^2 dx = \frac{1}{3} \left[x^3\right]_0^2 = \frac{8}{3} = 2.6\dot{6} \tag{4.18}$$

ですから，50回くらいのモン
テカルロ法で求めた答えは，決
して精度がいいとはいえませ
ん．とはいえ，もっともっと回
数をふやしていけば，モンテカ
ルロ法の答えもだんだん正しい
値に近づいていくことでしょ
う．

表4.7　だんだん正しい値に……

n	r	$\int_0^2 x^2 dx$
10	3	2.40
20	7	2.80
30	14	3.7\dot{3}
40	16	3.20
50	19	3.04

　前節では，誰でもよく知っている π の値をモンテカルロ法で求め
てみました．また，この節では，誰にでも解けるとはいえないまで
も，決してむずかしくはない定積分の値をモンテカルロ法で求めた
のでした．いくらか無駄なことをしているような気がしないでもあ
りません．

　しかし，数学的にもっとむずかしい式が解けなくて閉口している
ときに，モンテカルロ法で一応の答えが求まるとしたら，どうで
しょうか．そういうときには，モンテカルロ法を使うほうが実用的
ではありませんか．72ページの脚注に，ランダムウォークのモン
テカルロシミュレーションが，解析的に解くことの困難な偏微分方
程式を解く手段になり得ると書いたのも，そういう場合の一例です．

　数学の専門家は，厳密に数学的な思考と運算によって解けた場合
だけ祝盃を上げるのでしょうが，実用科学の立場からいえば，どん
な手段によろうとも，また，答えが完璧に正確ではなくても，実用
上じゅうぶんな精度で答えが求まりさえすれば，祝盃を上げても差

し支えないのではないでしょうか.

モンテカルロシミュレーションの精度

前々節でπを求めたときには, 50 回のシミュレーションの結果

3.12 (正しい値は約 3.14)

という値が求まり, 正しい値からの誤差は 0.6％くらいでした.
いっぽう前節で定積分の値を求めたときには, 同じく 50 回のシ
ミュレーションを繰り返したのに

3.04 (正しい値は約 2.67)

となり, 14％もの誤差が生じていました. この本では, シミュレー
ションの回数をふやすにつれて, どんどん正しい値に近づくにちが
いないなどと, ところどころに書いてきました. また, シミュレー
ション結果の精度を評価することも, むずかしくないと書いたこと
もありました. いったいシミュレーションの回数と精度との間に
は, どのような関係があるのでしょうか. そして, 私たちはなん回
くらいのシミュレーションを繰り返せば, その結果を信用していい
のでしょうか.

話が逆戻りするようですが, 前節で定積分の値をモンテカルロ法
で求めたときの手順をふりかえってみます. 私たちが求めようとし
た定積分の値は, 133 ページの図 4.9 に薄ずみを塗った領域の面積
でした. その領域は幅が 2 で高さが 4, したがって面積が 8 の長方
形の中に含まれていました. そこで, 私たちは長方形の中にランダ
ムに n 個の点を落とし, そのうちの r 個が薄ずみを塗った領域に
落ちたなら, この領域の面積は長方形の面積のほぼ r/n を占める

4. モンテカルロシミュレーション

にちがいないと考え

$$8 \times r/n \qquad\qquad (4.15) と同じ$$

が，ほぼ領域の面積であるとみなしたのでした．

この考え方は，つぎのようにも言い換えることができるでしょう．面積が 8 の長方形の中には，一様分布にしたがう無数の点が存在しています．その中からランダムに n 個の点を取り出してみたら，そのうちの r 個は，薄ずみを塗った領域から取り出されたものでした．したがって

$$r/n = p \qquad\qquad (4.19)$$

とおくなら，求める領域の面積，つまり定積分の値は，ほぼ

$$8 \times p \qquad\qquad (4.20)$$

であるとみなしていいでしょう．ちなみに，この p は視聴率，打率，不良率などと同じように，0 から 1 までの値です．そして，この p の精度が，モンテカルロ法で求めた定積分の値の精度を決めてしまうのです．

こう考えると，シミュレーションの回数が精度に及ぼす影響は，取り出した標本の数が率の推定精度に及ぼす影響と同じであることに気がつきます．そこで，標本から求めた率によって真の率を区間推定する式を，いきなり書かせていただきます．神様にしかわからない真の率と私たちが標本から求めた率とを区別するために，前者を p，後者を $\hat{p}$ と書けば

$$p の推定区間 = \hat{p} \pm k\sqrt{\frac{\hat{p}(1-\hat{p})}{n}} \qquad\qquad (4.21)$$

ただし，k の値は $\begin{cases} 90\%信頼区間なら & 1.65 \\ 95\%信頼区間なら & 1.96 \end{cases}$

ということなのです.*

こんな式だけ見せられても，なんの実感も湧きません．とにかく，実際の数字を入れてみましょう．135 ページの表4.7 をごらんください．50 回までシミュレーションを繰り返した時点で，薄ずみを塗った領域に落ちた回数は 19 回でした．つまり，領域に落ちた率は

$$\hat{p} = 19/50 = 0.380 \tag{4.22}$$

でした．この値から真の率 p の 90%信頼区間と 95%信頼区間を計算してみると

$$p \text{ の 90\% 推定区間} = 0.380 \pm 1.65 \sqrt{\frac{0.38(1-0.38)}{50}}$$

$$\fallingdotseq 0.380 \pm 0.113 = 0.267 \sim 0.493 \tag{4.23}$$

ですし，また

$$p \text{ の 95\% 推定区間} = 0.380 \pm 1.96 \sqrt{\frac{0.38(1-0.38)}{50}}$$

$$\fallingdotseq 0.380 \pm 0.135 = 0.245 \sim 0.515 \tag{4.24}$$

となります．

---

* 式(4.21)の由来をご紹介するには数ページを要するので，心ならずも割愛いたしました．必要があれば拙著『統計解析のはなし【改訂版】』79 ～ 87 ページをご参照ください．

なお，一般に，平均 μ，分散 σ^2 の分布の中から取り出された n 個の標本の平均値は，もとの分布がどんな分布であっても，n が大きくなるにつれて平均 μ，分散 σ^2/n の正規分布に近づきます．これを**中心極限定理**といい，式(4.21)もこの定理を基礎にしたものです．モンテカルロシミュレーションの回数と精度の関係は，ほとんどこの定理で解析して評価できます．

私たちは式(4.15)や式(4.20)からわかるように，$\hat{p}$ の値を長方形の面積8にかけて定積分の値を求めたのでしたから，こうして求められた定積分の値の信頼区間は

$$90\%信頼区間 = 8 \times (0.267 \sim 0.493)$$
$$\fallingdotseq 2.14 \sim 3.94 \tag{4.25}$$
$$95\%信頼区間 = 8 \times (0.245 \sim 0.515)$$
$$\fallingdotseq 1.96 \sim 4.12 \tag{4.26}$$

となります．90%信頼区間というのは，真の値がその区間内に含まれている確率は90%，という意味です．私たちが式(4.18)を使って計算して得た真の値2.66は，90%信頼区間にらくに含まれていますから，起こるべきことが起こっているにすぎません．真の値に対して14%もの誤差が生じていると嘆いたりしましたが，50回くらいのシミュレーションでは，この程度の誤差はざらに起こることなのです．π を50回のシミュレーションで求めたときの誤差が僅かに0.6%だったのは，思いがけない幸運に巡り合えたにすぎなかったといえるでしょう．

回数，回数，とにかく回数

50回くらいのシミュレーションで得た結果には，ずいぶん大きな誤差を含んでいるかもしれないことがわかりました．では，回数をどこまでふやしたら，精度のいい結果を得ることができるのでしょうか．

真の値を区間推定するための式

$$p \text{ の推定区間} = \hat{p} \pm k \sqrt{\frac{\hat{p}(1-\hat{p})}{n}} \qquad \text{(4.21)と同じ}$$

を，もういちど見てください．この式からシミュレーションの精度，つまり p の推定誤差をおおざっぱに見当つけると，つぎのようになるでしょう．

推定区間の幅を決めているのは右辺の第 2 項です．このうち k は，なん％の信頼区間をとりたいかによって決まる値ですから，ここでは，90％の信頼区間を観察することにして k を 1.65 としましょう．また $\hat{p}$ については，私たちがこれまでに取り扱ってきたいくつかの問題の中で，真の値 p がいくらであったかを振り返ると，

定積分を求めたとき　　　 $1/3 \fallingdotseq 0.33$

π を求めたとき　　　　 $\pi/4 \fallingdotseq 0.79$

（したがって，　 $1 - p \fallingdotseq 0.21$）

男女のペアの問題（14 ページ）では　 0.37

でしたから，$\hat{p}$ が 0.3 の場合を一例としましょう．

これらの値を式 (4.21) に代入すると

$$p \text{ の推定区間} = 0.3 \pm 1.65 \sqrt{\frac{0.3(1-0.3)}{n}}$$

$$\fallingdotseq 0.3 \pm \frac{0.756}{\sqrt{n}} \qquad (4.27)$$

を得ます．たとえば，π や定積分の値を求めたときのように，n がたったの 50 回なら

$$p \text{ の推定区間} = 0.3 \pm \frac{0.756}{\sqrt{50}}$$

$$\fallingdotseq 0.3 \pm 0.107 \fallingdotseq 0.193 \sim 0.407 \qquad (4.28)$$

4. モンテカルロシミュレーション

ということです．すなわち，0.3 という値に対して，0.107 までの誤差は覚悟しなければいけないのですから，誤差は，なんと

$$0.107/0.3 \fallingdotseq 36\%$$

にも達します．いくらなんでも，誤差が大きすぎるようです．50回くらいのシミュレーションは，あまり信用できないと考えなければなりません．

では，回数をどこまでふやせばいいのでしょうか．式(4.21)か式(4.27)を見ていただくと，推定区間の幅は，n の $\sqrt{}$ に反比例して減少することがわかります．誤差は区間の幅に比例しますから，誤差も回数 n の $\sqrt{}$ に反比例して減少します．したがって，誤差を 1/10 に減らしたければ，回数は 100 倍にしなければならないし，誤差を 1/100 に減らすためには，回数を 10,000 倍にしなければなりません．たいへんなことですが，これが厳しい現実です．

図 4.11 に，回数 n を対数目盛でどんどんふやしながら，90% 信

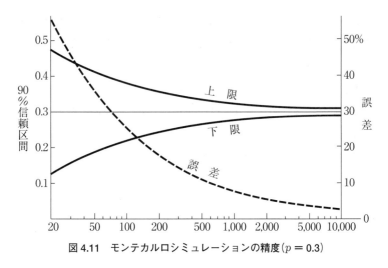

図 4.11 モンテカルロシミュレーションの精度($p = 0.3$)

頼区間と誤差とをグラフに描いてみました．n を 10,000 回にしても誤差はまだ 2.5% もあります．誤差を 1% 以下に抑えたいと思うなら，63,000 回ものシミュレーションを行なう必要があります．こうなると，とても手作業ではやりきれません．

モンテカルロ法は，とても便利な手法です．数学的には手に負えないような難問であっても，とにかく一応の答えを見つけてしまうからです．けれども，シミュレーションの回数が少ないと，その結論には思いがけないほど大きな誤差が含まれている危険性があるし，誤差を小さくしたければ，非常に多くの回数をこなさなければなりません．

そのため，おおざっぱな見当をつけるのが目的なら，手作業で行なうモンテカルロ法にもそれなりの意味がありますが，ほどほどに正確な結論が欲しいときには，コンピュータの助けを借りなければ

4. モンテカルロシミュレーション

なりません．これが，現実にモンテカルロシミュレーションの大部分がコンピュータを使って行なわれている最大の理由です．

なお，モンテカルロシミュレーションの精度を決める要素は，ほかにもあります．たとえば，この章で π や定積分の値を求めたとき，正方形や長方形の一辺に対して 100 個の乱数を割り当てました．これは，縦と横とをそれぞれ 100 等分してできた 10,000 個の格子点のうち，なん個が所望の面積の中に落ちているかを確かめていたことに相当します．こういうとき，この格子の目は，粗いより細かいほうがシミュレーションの精度がいいに決まっています．ですから，シミュレーションを開始する前の準備作業の段階から，シミュレーションの精度に影響を与えることも少なくありません．

この件については，また，つぎの章でも触れることにします．モンテカルロシミュレーションの精度は，繰り返しの回数に必ず影響され，それは回数の $\sqrt{}$ に反比例することを結論にして，この章を終わりたいと思います．

一口にシミュレータといっても，その用途はさまざまです．フライトシミュレータや鉄道運転用のシミュレータ，船舶の操船シミュレータなどの操縦訓練用のシミュレータ，原子力発電所や大型の化学プラントなど実物での研究や訓練が技術的にもお金の面からもむずかしい制御室のシミュレータ，地震や環境変化などを予測する地球シミュレータなどにわけられます．

　もっとも，訓練用に作られたものであっても，大宮の鉄道博物館，京都の鉄道博物館，名古屋のリニア鉄道館にある鉄道運転用シミュレータは，もともとの用途とは別に，趣味の領域で大人気のようです．整理券をもらうのさえ抽選だそうですから，その人気ぶりがわかろうというものです．電車の運転士に憧れる子どもを連れた家族連れが多いのかというとそうでもないようで，"てっちゃん"たちがわんさと押しかけて，異様な雰囲気だという人もいるぐらいです．

5. モデルが決め手

模擬実験(シミュレーション)のためには，実物を模型化したモデルが必要です．モデルにはさまざまな形式がありますが，いずれにしても実物の本質を正確に見きわめ，不要な部分はなるべく切り捨て，必要な本質はきっちりと取り込んだモデルでなければなりません．モデルの出来が悪ければ，いくらいっしょけんめいにシミュレーションをしたところで，その結果が正しいわけがありません．ガベージイン・ガベージアウト(がらくたをインプットすれば，がらくたがアウトプットされる)という格言が，この場合にもぴったりです．

なにが悪かったのか

航空自衛隊では，パイロットを養成するために数機種の練習機を使っていますが，その中の1つに，T－4という亜音速ジェット機があります．TはTrainer（練習機）の頭文字ですが，川崎重工業㈱によって開発されたエンジンを含めて，純国産のジェット練習機です．

日本の航空界は，第二次世界大戦の敗戦によって翼をもぎ取られてしまったのですが，10年の空白の後に自力で開発に挑戦し，完成したのがT－1でした．T－1は富士重工㈱によって開発され，1958年1月19日に宇都宮の飛行場で初飛行に成功し，計66機が生産され，2006年に退役しました．T－4は，この後継機として開発されたものです．

飛行機はある種の芸術品です．各国で創られた飛行機のデザインには，それぞれの国に固有の特色がありますが，日本で開発された飛行機のスタイルは，一般に女性的で繊細です．戦中のゼロ戦や戦後のYS－11など，いずれも流れるような美しいフォルムを誇っていますが，T－1も例外ではありませんでした．ところが，その優美なT－1の翼の先端あたりに，もっこりとしたふくらみが垂れ下がっていたのです．つや消しの不体裁なふくらみです．なぜ，このようなふくらみが出来てしまったのか，当時，調達側として開発に携わっていたので，その理由をお話しさせていただきます．

ジェット機はおおめし食いなので，主翼の中や胴体のすき間のあちこちに，大量の燃料を積み込まなければなりません．さらに，機体の動揺につれてとっぷんとっぷんと波打ったり，いっぽうへ片

5. モデルが決め手

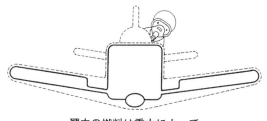

**翼内の燃料は重力によって
中央タンクに流れ込むはず**

寄ったりしては困るので，燃料タンクをいくつにも分割したり，仕切り板を入れたりのくふうが必要です．このような仕掛けをしたうえで，あちこちに積み込まれた燃料がじゅうぶんにエンジンまで供給されるよう設計されます．

　幸い，T-1の主翼には上反角がついていたので，主翼内の燃料は重力によって自然に翼の根元のほうに集まり，胴体の中央に設けられた中央タンクに流れ込みます．したがって，中央タンクの底に燃料ポンプを配置し，ポンプの力で燃料をエンジンのほうへ送り出せば，すべてのタンクの燃料を最後まで使いきることができるはずです．

　理屈はこのとおりなのですが，実際にはタンク内に波動防止のための仕切りがあったり，タンクの間をつなぐパイプを燃料が流れるときに抵抗があったりしますから，念のため，理屈どおりに燃料が中央に集まってくれるかどうかを確かめてみることになりました．

　工場内の一隅に本物の燃料タンクを本物のパイプでつなぎ，実際の飛行機に組み込まれるときと寸分ちがわないように配置します．そして，燃料をいっぱいに満たしてから，中央タンクの底に取り付

けられた燃料ポンプを回し，燃料を送り出します．まず，中央タンクの燃料が減りはじめ，ある程度まで減ると両翼のタンクの燃料が「水，低きに流れるが如く」中央タンクに流れ込み，すべてのタンクの燃料が順調にポンプを通じて送り出されていきます．すべては設計者のもくろみどおりでした．

39ページあたりにも書いたように，飛行機や船などに装着されるシステムに対して行なわれるシミュレーション試験をリグ・テスト(rig test)ということがありますが，T−1の燃料システムについてのリグ・テストは成功裡に終わりました．いいかえれば，T−1の燃料システムは，シミュレーション試験に合格して設計の正しさが立証されたことになったのです．ひと安心です．こうして，試作機の組立ては順調に進められていきました．

「鞍上，枕上，厠上」という言葉があります．新しいアイデアが浮かんだり，ふと思いついたりするのは，鞍の上，いまふうにいえば通勤の途上や，ベッドの上で枕に頭をのせているとき，あるいはトイレの中であることが多いという意味でしょう．

まさにトイレの中で，T−1の設計者のひとりが，はっと気がついたのでした．T−1の主翼には上反角がついているから，翼内のタンクにある燃料は「水，低きに流れるが如く」中央タンクに流れ込んでくるのは理の当然．だが，T−1の主翼には後退角もついている．しかも，上反角は僅かなのに後退角は大きい．T−1が上昇姿勢をとったら，主翼の先端は付け根よりも下方に下がってしまうのではないか……．

慌ててトイレをとび出した設計者は設計室に戻り，T−1の模型を手に取ってみました．不安的中．T−1が上昇の姿勢になると，

主翼の先端は付け根よりもずっと下になってしまいます．これでは，翼内タンクにある燃料は翼端のほうに集まってしまい，中央タンクのほうへは流れません．中央タンクの燃料が減ってから上昇姿勢をとりつづけると，翼内タンクにはたくさんの燃料が残っていながら，その燃料が使えないまま，ガス欠，エンジン停止，墜落，となってしまいます．

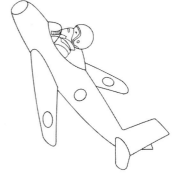

上昇中は上反角が下反角に変わってしまう

　さらによく考えてみると，後退角の主翼をもったＴ－１が前進方向に加速すると，その反作用で翼内タンクの燃料は翼の後のほう，つまり翼の先端のほうへ押しやられ，これも，ガス欠，エンジン停止の原因になることにも気がつきました．

　試作機の組立てもかなり進んだころ，この事実に気がついた設計陣は，がく然としました．鳩首協議のすえ，翼内タンクの先端にも燃料ポンプを追加して，そこから燃料を中央クンクへ移送することにして，このピンチを切り抜けることになりました．しかし，翼内タンクはすでにでき上がっているので，いまさらポンプを埋め込むことはできません．やむを得ず，翼の下面に巨大なふくらみをぶら下げて，ポンプを収納しなければならなくなったのです．

　Ｔ－１を量産するに当たっては，一部の設計を変更し，翼内タンクの形を変えてポンプをタンク内に埋め込むようにはしたものの，

なにせ薄い主翼のことですから，ポンプをすっかり翼内には収容しきれず，もっこりとしたふくらみを人目にさらす結果となってしまいました．

　上反角がある主翼でも後退角が大きければ，機首上げの姿勢では主翼の先端が下がってしまう……．どうして，このような当たり前のことに気がつかなかったのかと訝（いぶか）る方は，コロンブスの卵の故事を思い出していただけるでしょうか．なにしろ，戦後十余年の空白の後に国内で開発された初めてのジェット機ですから，それまで後退角の経験は皆無だったのです．

　それにしても，わざわざ本物の燃料タンクを並べて実施した燃料システムのシミュレーション試験は，いったい，なんだったのでしょうか．飛行機にとって燃料システムは致命的に重要な部位ですから，その部位の機能をシミュレーションによって確認しておくという着想は正しかったはずです．それにもかかわらず，システムの欠陥が発見できなかったのですから，シミュレーションのどこかが間違っていたにちがいありません．

　シミュレーションは模擬実験です．すなわち，実物に似せた**モデル**(model)を使って実験が行なわれます．いまの例でいうなら，工場の一隅に本物の燃料タンクを本物のパイプでつなぎ，実際の飛行機に組み込まれるときと寸分たがわないように配置された燃料システムが，シミュレーションのためのモデルでした．

　このモデルは，実際の飛行機に組み込まれるときと寸分もたがわないように燃料システムが配置されているとはいうものの，燃料タンクなどは飛行機の胴体や主翼の中に取り付けられているわけではなく，鉄材で組んだ架台にむき出しのまま固定されていました．こ

5. モデルが決め手　　　*151*

の点については，明らかに実際の燃料系統とは異なっていたのですが，この相違が，シミュレーション結果に悪さをしたとは思えません．シミュレーションを誤らせたのは，加速度に対する配慮がモデルに欠けていたことです．

　飛行機は空中でいろいろな姿勢をとることができる乗り物ですから，姿勢に応じて重力の加速度の方向が変わります．背面飛行をすると，重力の加速度は水平飛行のときと正反対の方向に働くくらいです．また，エンジンをふかしたり絞ったりすれば，前後方向にも加速度を受けるし，宙返りや横転をすると，遠心力によって強烈な加速度がとんでもない方向に作用します．

　したがって，飛行機の燃料システムのシミュレーションモデルは，このような加速度の下での機能をシミュレートできるよう，配慮されていなければなりませんでした．モデルに対してこの配慮が欠けていたために，シミュレーション結果の判断を誤り，優美な曲線を誇るＴ－１に，不体裁なふくらみをぶら下げるはめになってしまったのです．

　一般に，シミュレーションはモデルを使った模擬実験です．モデルは実物ではありませんから，実物と同じ部分もあるし，異なる部分もあります．また，同じとか異なるとかいっても，程度の差はまちまちです．そして，どの部分をどの程度に実物と等しくする必要があって，どの部分は実物と異なっても差し支えないのかという判断と選択によって，モデルの良し悪しが決まります．

　さらに，モデルの良し悪しはシミュレーションの成否に決定的な影響を及ぼします．悪いモデルからは間違ったシミュレーション結果しか出てきません．シミュレーションの最大の危険性は，出来の

悪いモデルを使っているにもかかわらず，その結論を信用してしまうところにあると思っています．

　では，シミュレーションの死命を制するほど重要なモデルは，どのような点に注意して作ったり，取り扱ったりしなければならないのでしょうか．それが，この章のテーマです．

モデルがシミュレーションの成否を分ける

　シミュレーションモデルの形式は，まさに千差万別です．この本で使ってきたモデルを思い出してみてください．

　第1章では，「13組の夫婦を分解してでたらめに13組の男女のペアを作ったとき，その中に夫婦のペアが含まれない確率」を求めるために，スペードのA（エース）からK（キング）までの13枚を並べて立て，ハートのAからKまでの13枚をよく混ぜてから，1枚ずつ表を出してスペードの前に割り当てました．このスペードの13枚とハートの13枚，そして，よく混ぜてから1枚ずつ割り当てるという手順が，モンテカルロシミュレーションのモデルであったことになります．つまり，このモデルは，26種類・26枚のトランプと文章で記述された手順書でした．

　また，事務室内の配置を決めるためのシミュレーションでは，机やロッカーなどの縦と横の寸法だけを一定の縮尺で縮めて厚紙から切り取った紙型と，同じ縮尺でグラフ用紙上に描かれた部屋の平面図だけがモデルでした．

　さらに戦いのシミュレーションでは，戦場の地図と6個ずつの白と黒の駒，それに文章と表1.5で示された戦いのルールがモデルで

した.

　飛行機や建造物の周りを流れる空気の影響を調べるための風洞によるシミュレーションの場合には，飛行機や建造物の模型が使われました．この模型こそ，モデルという言葉にぴったりです．ただし，実は，風洞によるシミュレーションの場合は，風の流れを実物と相似にするために模型の縮尺に合わせて風の速さを変える必要があるため，この相似則を表わす数式もモデルの一部と考えるほうがいいでしょう．*

　第2章では，いくつかの微分方程式を模擬する電気回路をご紹介しましたが，シミュレーションのモデルがこのような電気回路で与えられることもあります．

　第3章から第4章にわたって取り上げたランダムウォークのシミュレーションでは，どこから歩き始めるかという初期条件と，どこに壁があるかを示す境界条件と，歩く方向を決める確率の約束ごとがモデルです．また，スポーツジムの鉄棒の数を決めるシミュレーションでは，客の到着の仕方，身長の分布，身長と使える鉄棒の種類との関係などの条件を決めましたが，これらの条件がモデルでした．

　第4章では，モンテカルロシミュレーションによってπの値や定積分の値を求めたりもしましたが，モデルは，これらの値を算出す

　＊　物体の周りの空気の流れは

$$R = \frac{\rho l}{\mu} V$$

　　　　ρ：空気の密度，　μ：粘性率

　　　　l：物体の気流方向の長さ，　V：速度

　が同じときに相似になるといわれ，R をレイノルズ数と呼んでいます．

るのにふさわしい平面上の図形だけでした.

こうしてみると, モデルにもずいぶんいろいろなタイプがあるものです. ですから, モデルとは何かを端的にいい表わそうとしても, なかなかスマートな文章になりません.*

私たちが日常用語として使っているモデルには, ファッションモデル, プラモデル, モデルルーム, 写真や絵のモデル, 小説の素材としてのモデル, モデルケースなどがあります. 模型のほかに模範の意味もありそうですが, シミュレーショシモデルの場合には,「シミュレーションのために準備する模型」とでも軽くとらえておきましょう. そして, 模型といってもプラモデルのような形を備えているとは限らず, 図やグラフで示されたり, 文章で記述されたり, 数式で与えられたりすることも少なくないと認識しておけば, 実用上, 困ることはありません.

それに, もうひとつ……. 客の到着はランダム到着とし, 客の身長は正規分布にしたがうという前提は, 明らかにシミュレーションのためのモデルでした. では, ランダム到着と正規分布を近似的に作り出すために, 一様分布の乱数を到着間隔や身長に割り当てた

---

* JIS Z 8121 の「オペレーションズリサーチ用語」によると, 模型の対応英語が model であり, その意味はつぎのとおりになっています.

「主題を画像(たとえば図面・写真など)や記号(たとえば楽譜・数式など), あるいは類似現象を用いて表現したもの.

模型は, その表現様式によって画像模型(iconic model)・記号模型(symbolic model)・類似模型(analogue model)などといわれている.

また, 質的模型(qualitative model)・量的模型(quantitative model)に分けることもある.

記号模型の中で特に数学記号を用いたものを数学模型(mathematical model)という.」

表 3.5 や表 3.7 は，モデルの一部なのでしょうか．それとも，これらの表の作成は，すでにシミュレーション作業の一部なのでしょうか．

πを知るために，定積分の値をモンテカルロ法で求めたときの図形は，明らかにモデルです．いっぽう，図形の縦と横に 100 個ずつの乱数を割り当てることによって，結果的には縦と横をそれぞれ 100 等分した計 10,000 個の格子点のうち，なんパーセントが図形の内部に含まれているかを数えるための準備をした作業は，モデル作りなのでしょうか．それとも，シミュレーションの実行なのでしょうか．

2 つの例とも，シミュレーションの誤差に大きな影響を与える作業なので，誤差の発生源がモデルにあるのか，シミュレーションの実行段階にあるのかを，弁別しておきたい気がします．ところが，モデル作りとシミュレーションの実施との間を明確な一線で区分できることは，そう多くはありません．たいていの場合，どこまでがモデル作りで，どこからがシミュレーションの実行なのか，明らかではないのです．

なにしろ，シミュレーションのやり方をじゅうぶんに考えてからでなければモデルを作ることができませんから，モデルを作りながら，すでに頭の中ではシミュレーションをはじめているとみなすほうがいいくらいです．また，モデルを作る過程で，ちょっとだけシミュレーションを実行してみて，その感触によってモデルを改善しながら仕上げていくことも少なくありません．

こうしてみると，モデル作りとシミュレーションの実行とを区分して取り扱うのは，適当ではないように思えます．私は，シミュ

レーションのためのモデル作りは，シミュレーション作業の一部だと考えています．そして，モデルの構想が固まったとき，すでにシミュレーションの成否が決まってしまうのだと思っています．前節の燃料システムの例でいうなら，モデル作りに際して加速度の影響を失念した段階で，シミュレーションの失敗が決まってしまったといえるでしょう．

モデルの構想は，シミュレーションのための戦略に当たり，シミュレーションの実行は，戦術にしかすぎません．よくいわれるように，戦略の失敗は，戦術では取り返せないのです．

まず，本質を見抜く

モデルの良し悪しがシミュレーションの成否の鍵を握っている，となんべんも書いてきました．それほど重要なモデルを作るためのポイントは，なんでしょうか．それは，対象とする現象の本質を見抜くことと，それを煎じつめて端的に表現することの2つであると，私は信じています．もちろん，本質を見抜く力と煎じつめる能力とは無関係ではありません．本質を見抜けるからこそ，枝葉末節を切り捨てて煎じつめることも可能になるし，あらかじめ枝葉末節を切り落とすことによって本質も見えてくるからです．けれどもここでは，両者を分離して話を進めさせていただきます．

まず，本質を見抜くことについてです．事務室の配置を決めるために，机やロッカーのモデルを厚紙から切り出したときのことを思い出してください．この場合は，本質を見抜くなどというほど大層なことはなかったように思われます．とはいえ，事務室内の使いや

5. モデルが決め手 *157*

すい配置を決めるというシミュレーションの目的がはっきりと意識されていたし，シミュレーションのやり方も頭の中で想定されていたために，ほどほどの縮尺で，厚みのある紙を使ったのでした．

　飛行機の開発に際して行なわれる風洞試験用のモデルになると，事態はかなりむずかしくなります．なにを風洞試験によって評価したいのでしょうか．それによってモデルの型がまるで変わります．主翼や尾翼だけの部分モデルなのか，全機のモデルなのか，全機モデルにしても脚やフラップは出しっぱなしか，ジェットエンジン用の空気吸込口はふさぐのか開けるのかなど，飛行機についての専門知識を基礎にした判断が必要になります．

　また，前にも書いたように，モデルの周りの風の流れを実物と相似にするためには，153 ページの脚注のような相似則に頼るほかないので，実機の速度を想定し，風洞の流速を勘案して，モデルの大きさを決めなければなりません．

　ただしモデルは，ただ実物を真似て作ればいいというわけにはいかないのです．なにが飛行機にとって本質的に重要かを的確に把握しなければ，優れたモデルは作れません．この章の冒頭に，燃料システムのモデル作りに失敗して不体裁なふくらみをぶら下げてしまった実話をご紹介しましたが，失敗の原因は，飛行機の本質ともいえる奔放な姿勢の変化や加速度を見落としてしまったところにあったといえるでしょう．

　社会システムのモデル作りになると，これはもう社会現象に対する洞察力の勝負です．一例をあげましょう．

　消費者は，なんでも，いつでも，ごく新鮮なものを，小量だけ買えることを希望しています．そのため，スーパーやコンビニエンス

ストアでは，卸業者に対して多種多様な小量の商品をなんべんにも分けて納入するように要求するのだそうです．そのため，運送会社は1日になんべんも小口の商品をスーパーなどへ運ばされることになり，その結果，商品のコストは高くなるし，道路は渋滞し，ちかごろはドライバー不足も深刻になっています．そして，コスト高はもろに消費者がかぶるはめになります．そのくらいなら，消費者の希望を少し抑えてもらうような策を施すほうが，社会全体のためではありませんか．

こういう観点に立って，商品の賞味期限の表示法を変えるとか，小量の商品は割り高にするなど，いくつかの施策を実行したとき，社会全体としてどのくらい得をするかをシミュレーションによって見当をつけてみたいと思ってください．まず，シミュレーションのためのモデルを作らなければなりませんが，どこから手をつけたらいいでしょうか．

これは，たいへんな難問です．風が吹けば桶屋がもうかる*という諺もあるくらい，世の中の現象は思いがけないところに因果応報が巡ったり，因果の関数関係が不明であったりするからです．

いまかりに，商品の製造日を表示するのをやめ，賞味期限だけを安全の許す範囲いっぱいに引き伸ばして表示することにしたら，どうなるでしょうか．直感的には，いまよりは数をまとめてスーパーなどへ卸せるように思えますが，いままでなら賞味期限を過ぎたあと回収されて家畜の餌に回っていたものが不足するとか，繁華街にあるスーパーなどでの保管費がかさみ，地価の安い卸業者の倉庫に

---

* 思いがけないところに因果がめぐることのたとえでもあり，あてにならないことを期待することのたとえでもあります．

5. モデルが決め手 **159**

頼っていたときよりコスト高になるなど，意外な影響がでるかもしれません．そのうえ，数をまとめてスーパーなどに卸せるようになった場合，輸送費や保管費にどのくらいはね返ってくるかを正確に知ることも容易ではありません．

こう考えていくと，たったこれだけのモデルを仕上げるにも，ずいぶんたくさんの調査を行ない，データを解析して因果応報の範囲や因果の関数関係を把握しなければならないことは，想像に難くありません．しかも，実験を行なわずに現状を観察するだけで把握できる事実など，たかがしれているのです．

一般に社会システムでは，とうてい全貌を把握しきれるものではありませんから，ある領域だけを限定して対象とせざるを得ません．そして，その領域についても，すべてを知ることは至難の業です．あとは，社会システムに対する鋭い洞察力によって，モデルを作り上げるほかありません．

したがって，このような社会現象のモデルは，モデルを作る人の素養，経歴，好みなどの影響を強く受けるといわれています．そこで，なるべく異質ななん人かの人に独自にモデルを作ってもらい，それらを持ち寄ってじゅうぶんな議論を交したのちに，総合的に判断してモデルを完成させるという手順を踏むことが勧められています．

そして，煎じつめる

「人間というものは，結局は消化器と生殖器から成り立っているのだ」と言った詩人[*]がいます．よくもまぁ，煎じつめてくれたも

のです．原始動物には口と肛門をつなぐパイプだけがすべてというものが多く，ヒドラなどでは口が肛門を兼ねていますが，だいたいは無性生殖です．そのため，性についてはことのほか熱心な人間を消化器だけに煎じつめることができず，消化器と生殖器が残ったのかもしれません．

それにしても，人間のモデルが消化器と生殖器だけというのは，いくらなんでも煎じつめ過ぎではないでしょうか．これでは，人間と犬や金魚などとの区別がなくなってしまいます．つまり，人間の本質が失われてしまうのです．

それでは，どこまで煎じつめてモデル化したらいいのでしょうか．それは，そのモデルの使用目的によって決まります．将来の人口を推算するためのモデルとしてなら，女性は人口の再生産に貢献する1個体ですし，男性は気の毒にも存在を無視されてしまいます．100人の男性がいても，女性が1人しかいなければ1人ぶんの生産しかできないし，女性が100人いれば，男性はたった1人でも100人ぶんの生産が可能だからです．

また，人間を経済活動の一員としてモデル化するなら，食欲と性欲よりは，金銭欲や物欲に重みをおいたモデルを作るほうがいいでしょう．このように，実物のどの特性を残してモデルに煎じつめるかは，モデルの使用目的によって異なります．したがって，使用目的に合致するように決める必要があります．

事務室の配置を決めるために机やロッカーのモデルを厚紙から切り出したときのことを，もういちど振り返りましょう．机やロッ

＊　R. グールモン（1858 ～ 1915），フランスの文芸評論家で詩人．

5. モデルが決め手

カーの実物には高さもありますし重さもあります．また，色や手触りなども事務用品としては無視できません．しかし，机やロッカーなどは事務所の中では立体的に積み上げたりはせず，単に平面的に配置するだけですから，平面的に配置するモデルとしては，縦と横との寸法だけが本質的です．そこで，高さのほうは切り捨ててしまいます．

また，床の強さを試したり，ロッカーが倒れるときの衝撃を知るためにシミュレーションをするわけではありませんから，重さも不必要でしょう．色や手触りも事務室内の配置に大きな影響はなさそうなので，無視です．このように煎じつめた結果，本質的な縦と横の寸法だけが残ったというわけです．

もっとも，机やロッカーを縦と横の寸法だけのモデルに煎じつめてしまったのは，いくらかいき過ぎの感もあります．机やロッカーには引出しや扉がついていて，それを開閉するには空間が必要です．そのうえ，配置される位置によっては，右開きの扉と左開きの扉との使い勝手がちがいます．したがって，引出しや扉の大きさや動く方向は，事務室内の配置を決めるに当たって本質的な要素です．ですから，引出しや扉の動きは，モデルの中に取り込まれていなければなりません．

引出しや扉の動きも含めた机のモデルは，たとえば次図のようにすればいいでしょう．机の縦と横の寸法を忠実に縮小した厚紙のモデルに，引出しと扉の可動範囲を示す薄手の紙を貼りつけておき，必要に応じて可動範囲の部分を折りたたんだり展開したりして使うのです．こうすれば，配置を決めるためのシミュレーションに際して，引出しや扉の動きを見落とすような失敗は避けられるでしょ

こうするのがほんとう

う．

現実の作業としては，事務室の配置を決めるためのモデルに，このような細工をすることはめったにありません．なぜなら，引出しや扉の可動範囲くらいのことなら，頭の中にその寸法を描きながらシミュレーションが実行できるし，もし，見落として失敗しても，笑い話ですむ程度の被害しか生じないからです．しかし，もっと高価な装置などの搬入や据付けなどの事前検討のときに，可動部分の動きをうっかりしていると，大損害を招きかねません．モデルを作るときに本質的なところを切り捨ててしまってはならないのです．

風洞試験用のモデルの場合には，モデルの周りの風の流れが実際のときと同じになり，モデルに作用する力から実機に働くであろう力を推算することだけが本質ですから，この本質に無関係な重さ，機内の構造，色彩などは切り捨てられて，文字どおり色気のないのっぺらぼうな模型になっているのがふつうです．

これに対して，鑑賞用のプラモデルは外見が本質ですから，型と色彩については，完全に実物を模擬していて，重さ，内部の構造，機能などは切り捨てられています．余計なことですが，若い女性をファッションモデルに煎じつめると，最後に残る特性はなんでしょうか．途中で蒸発してもかまわない特性はなんでしょうか．

事務室の配置を考えるためのモデルや，風洞試験に使うモデルなら，一般常識と若干の専門知識があれば，どこまで煎じつめていい

かの判断はさしてむずかしくありません。ところが，社会現象のモデル作りとなると，こうはいきません。前節に書いたように，現象の本質を見きわめることがむずかしいくらいですから，どこまで煎じつめてモデル化していいかの判断も，たいへんむずかしいのです。

　けれども，社会現象のモデル化はむずかしいと嘆いてばかりいても始まりませんから，節を改めて，社会現象の数式モデルをいくつかご紹介しようと思います。

理屈でモデルを作る

　残念ながら，人類の歴史は戦いの連続です。とりわけ武力による戦いは，人命の喪失，構造物や自然の破壊，社会制度や秩序の崩壊を伴うことが多いので，もっとも過激な社会現象といえるでしょう。したがって，支配者や挑戦者ばかりではなく，多くの市民にとっても，武力による戦いがどのように推移し，どのような結末を迎えるかに強い関心を持つのは当然です。そのため，戦いの推移の法則を見出してモデル化しようという試みが，数多く行なわれてきました。その中で，最も有名で実用価値もあるとされているのが，**ランチェスターの法則**です。＊

＊　ランチェスターの法則は，イギリスの航空工学のエンジニアであった F. W. Lanchester(1868 ～ 1946)が，第一次世界大戦の空中戦のデータを解析して提案した理論です。オペレーションズリサーチ(OR)の理論のひとつとして，経営戦略などに応用されています。詳しくは『ゲーム戦略のはなし』に紹介してあります。

ランチェスターの法則には，1次法則と2次法則の2つがあります．それぞれ，頭の中の理屈で数学モデルを作った後，実戦のデータでその正しさを検証したものです．

ランチェスターの1次法則は，つぎのような理屈から生まれています．X軍とY軍が戦うと思ってください．戦いの原則は一騎打ちです．戦場の各所でりりしく一騎打ちが展開されます．Y軍の兵士のほうがX軍の兵士より実力が高く――腕がいいのか，武器が優れているのかは問いません――Y軍の兵士が1名戦死するごとに，E 名のX軍兵士が戦死していきます．ある時間が経過した後

$\quad$ X軍の人数 $\quad$ を $\quad$ x

$\quad$ Y軍の人数 $\quad$ を $\quad$ y

とし，戦いが始まる前にはそれぞれ x_0, y_0 の人数であったとすると，

$\quad$ X軍の戦死者の数 $= x_0 - x$

$\quad$ Y軍の戦死者の数 $= y_0 - y$
$\hspace{4cm}$ (5.1)

です．ここで，X軍の戦死者数がY軍の E 倍であったことを思い出していただくと，つまるところ

$$x_0 - x = E(y_0 - y) \hspace{3cm} (5.2)$$

の関係があることになります．これが，ランチェスターの1次法則といわれる数学モデルです．

これに対して，**ランチェスターの2次法則**は，チーム戦を想定して作られました．x 名のX軍と y 名のY軍とが戦場で対面し，互いに敵方をめがけてむやみやたらに銃を射ちまくります．だれかが戦死しても，敵方のだれが射った弾が当たったのか見当もつきません．まさにチーム戦です．ただ，Y軍の銃のほうが性能が良く，X

5. モデルが決め手

軍の銃の E 倍もの弾を発射できるものとします.

戦いの最中のごく短い時間の間に，X 軍の人数は dx だけ減り，同じ時間内に，Y 軍の人数は dy だけ減ると考えてください. dx は Y 軍から飛んでくる弾数に比例しますし，その弾数は Y 軍の人数の E 倍に比例しますから

$$-dx = kEy \quad (k \text{ は比例定数}) \tag{5.3}$$

です. また，dy は X 軍から飛んでくる弾数に比例するし，その弾数は X 軍の人数に比例するので

$$-dx = kx \tag{5.4}$$

となります. ここで式(5.4)を式(5.3)で割ると

$$\frac{dy}{dx} = \frac{1}{E} \frac{x}{y} \tag{5.5}$$

という変数分離形の微分方程式が現われます. これを

$$xdx = Eydy$$

と変形して両辺を積分すると

$$x^2 = Ey^2 + C \qquad (C \text{ は積分定数}) \tag{5.6}$$

となります. 戦いが始まる直前の両軍の人数を x_0, y_0 とすると

$$C = x_0^2 - Ey_0^2 \tag{5.7}$$

であることがわかりますから，この値を式(5.6)に代入して整理すれば

$$x_0^2 - x^2 = E(y_0^2 - y^2) \tag{5.8}$$

という関係を得ます. これが，ランチェスターの2次法則といわれる数学モデルです. 1次法則の式

$$x_0 - x = E(y_0 - y) \tag{5.2} \text{と同じ}$$

と見較べてみれば，1次法則と2次法則の名称の由来が，一目瞭然

ではありませんか.

1次法則と2次法則の式をら列しただけでは楽しくありませんから, この法則が示す戦いの推移の一例を図5.1に描いてみました. 戦いが始まるときの兵力はX軍が200人, Y軍が100人とし, この兵力の差を補うために, Y軍の兵士がX軍の兵士の2倍の実力を持つとしてあります.

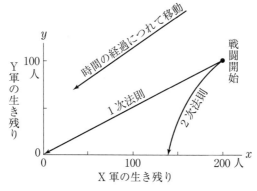

図5.1 ランチェスターによる戦いの推移
($x_0 = 200$, $y_0 = 100$, $E = 2$)

1次法則によれば, 戦闘開始ののち時間が経つにつれてX軍はY軍の2倍ずつ兵士を消耗していき, X軍とY軍が同時に全滅して戦いが終わります. これに対して2次法則によれば, 戦闘開始のときの兵力差がものをいってY軍の兵士はみるみる減少し, Y軍はたちまち全滅してしまいます. そして, Y軍が全滅するまでのX軍の損失は59人にすぎません. 2次法則は兵力の優位が勝敗に決定的な影響をもつことを教えています.

5. モデルが決め手

実際の戦いでは，1次法則が前提としたようなりりしい一騎打ちだけが行なわれるとは限りません．かといって，2次法則が前提としたようにめったやたらに敵方へ弾を射ち込むばかりでなく，まるで一騎打ちのように，互いに狙い射ちをすることもあるでしょう．したがって，実戦の様相は1次法則と2次法則の間にあると考えられます．

間にあるなら，実戦は1次法則と2次法則の両方の性格を備えているにちがいありません．2つの法則を調べていくといろいろな教訓が読みとれますが，その中でいちばん強烈な教訓は，兵力の優位が，なににもまして勝敗に決定的な影響力を持つということです．したがって，敵にまさる兵力を一点に集中することが，戦いに勝つ秘訣なのです．

古来，名将といわれる人たちは，少数の兵力で敵の大軍を破っています．それこそ名将である所以ではないかと反発される方には，つぎの故事をご紹介したいと思います．「あなたは，少数では多数に勝てないというけれど，実際には少数で多数の敵をしばしば破っているではないか」と質されたナポレオンは，「それはちがう，少数で多数と戦うときには，全兵力をあげてそれより兵力の少ない敵の一部を破り，つづいて敵の他の部分を攻めるなどして，戦闘場面では常にこちらのほうが多人数になるように指揮をしているのだ」と答えています．

それにしても，闘いの推移を表わすランチェスターの法則は，ずいぶん大胆な数学モデルだと思いませんか．戦いの推移に影響しそうな要素としては兵士の数のほかに，指揮官の能力，兵士の練度，士気，兵器の性能，通信や補給などの支援能力，地形，天候，偶発

事象など，いくらでも思いつきます．そして，このうちの1つでも欠けると，満足のいくモデルとはならないように感じます．

けれども，これらの要素は，ケース・バイ・ケースでまさに千差万別，これらにこだわっていたのでは，とてもきれいなモデルなどできそうもありません．そこで，数量として把握しやすく，しかも，誰が考えても戦いの推移に大きく影響すると思われる人数だけを取り上げ，しかも，一騎打ちと乱打戦という2つの典型的な戦い方を想定して，理論的に方程式を作ってしまいました．そして，人数だけでは模擬しきれない部分を E という1文字で加えることによって，現実に即したモデルを完成させたわけです．なんとも鮮やかなモデル化ではありませんか．

もっとも，いかに鮮やかなモデルであっても，それが実際の現象を模擬していなければ，なんにもなりません．そこで，モデルが実用的に許される精度で実際の現象を模擬しているか否かの検証が必要になるのですが，この点については，数ページあとに述べたいと思います．

経験でモデルを作る

飛行機の価格は驚くほど高いので，新しい飛行機の開発に当たっては需要の予測も必要ですが，開発費や単価の予測も重要です．なにしろ，価格によって需要も左右されるのですから，価格の見積りがすべての基礎になるといっても過言ではありません．そのため，いくつかの案を比較検討しながら企画・開発を進めるためには，価格を手軽に概算できる数学モデルが必要になります．さて，飛行機

の開発費や単価を推算するための数学モデルは，どのようにして作るのでしょうか．

飛行機の価格に影響する要素はいくらでもあります．客席の数，荷物の積載量，最高速度，経済速度，燃料消費率，航続距離，上昇性能，離着陸の滑走距離，航法器材などの種類，信頼性，整備のやさしさ，客室の仕様，外見など，数えあげればきりがありません．おまけに，客や荷物の積載量をふやせば上昇性能が低下するなど，それぞれの項目が互いにからみ合ってきます．すべての項目を網羅して数学モデルを作ったら，きっとごみごみしたものになってしまうでしょう．

そこで，多変量解析*の手法なども使って，飛行機の価格にもっとも大きく影響しそうな因子として

　　　　　客席の数　　　N

だけを採用したと思ってください．客席の数を大きくしようとすれば機体が大きくなるので，材料費や加工費もかさむにちがいないし，エンジンも大型のものを使うため，全体の価格も高くなるはずだからです．現実には，客席の数だけで飛行機の価格を推算しようというのは乱暴すぎるとは思いますが，数学モデルを作る例題としてお許しねがいます．

さて，客席の数と飛行機の価格の間には，どのような関係があるのでしょうか．客席を2倍にしようとして客室の床面積を2倍にした場合，飛行機全体が相似形で2倍に膨張すると飛行機の体積

＊　多変量解析は，記録として残された経験値や，各人の頭の中に培われた感覚などを材料にして，複雑にからみあっている多くの要因の中から主要なものを選び出したり，要因どうしの関係を明らかにしたりするための手法です．

は$2\sqrt{2}$倍になりますから，材料費や加工費も$2\sqrt{2}$倍になり，したがって価格も$2\sqrt{2}$倍くらいに上昇するのでしょうか．* それとも，客席の増加は胴体を長くするだけで吸収できるし，客席がふえても操縦システム，通信・航法システムなどは変わらないので，全体の価格はあまり上がらないのでしょうか．

いろいろ考えてみても，客席の数と飛行機の価格との関係を理屈だけで作り上げるのはむずかしいようです．仕方がありませんから，過去のデータを参考にしようと思います．つまり，人間社会が多くの経験を経て積み上げてきた知恵を拝借しようというのです．そのために，過去に開発された旅客機の客度数と価格のデータを集め，グラフを作成してみました．それが，図5.2です．

図には，10件の過去の実績が，両対数目盛のグラフ用紙上にプロットしてあります．価格には，年度や販売概数による補正を加えてあることはもちろんです．両対数の目盛を選んだのは，1つには座席数や価格の幅が大きいので対数目盛のほうが使いやすいからですが，もう1つは，座席数Nと価格Pの関係が

$$P = kN^{\alpha} \tag{5.9}**$$

の形になるだろうと予想されるからです．

さっそく，10個のデータの並び方を代表する回帰直線を記入し，

---

* 相似形の物体の場合，一辺がn倍になるとすべての面の面積はn^2倍，体積（重さ）はn^3倍にふえます．したがって，ある面の面積が2倍になると体積は$2\sqrt{2}$倍になります．これは，鳥や飛行機では相似形のまま大きくなると，n^3倍でふえる重さをn^2倍でしかふえない翼の面積で支えなければならないことを意味し，小鳥はらくに空を飛べるのに，だちょうは空を飛べず，さらに大きな鳥は存在しないことの説明などに使われます．これを「2乗3乗の法則」といいます．

5. モデルが決め手

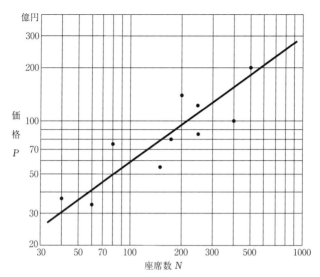

図5.2　過去のデータを読む

その方程式を求めてみると

$$P \fallingdotseq 2.1 N^{0.72} \tag{5.10}$$

となりました．こうして，座席数と価格の関係を示す数学モデルができ上がりました．

この数学モデルは，k や α の値を決める過程で数学を使ったとはいえ，N と P の関係を理屈で考え出したものではありません．人類が蓄積してきた過去の経験を利用して作り出したものです．

前にも述べたように，一般に社会システムは，全貌があまりにも

**　式(5.9)の関係は両対数グラフ上では直線になります．したがって，回帰直線上の2点の座標を式(5.9)に代入して連立方程式を解けば k と α が求まります．

広範囲かつ複雑で，とても把握しきれるものではありません．また，扱う領域を限定したとしても，理屈どおりに物事が運ぶわけでもありません．そのため，理屈ばかりに頼っていたのでは，役に立つ数学モデルができることはめったにありません．したがって，社会システムの数学モデルは過去の経験を参考にし，ときには実験によって多少の経験を追加して作り上げるのがふつうです．需要予測モデル，人口動態モデル，産業連関モデルなど，現実に活用されているたくさんのモデルも，このようにして作られたものがほとんどです．

モデルを検証する

シミュレーション用のモデルは，あくまでもモデルのため，実物とまったく同じではありませんが，シミュレーションの目的のために必要な特性は，実物と同じでなければなりません．そこで，作られたモデルが必要な特性を備えていることを実証しなければなりません．

たとえば，戦いの推移をモデル化したランチェスターの法則についていえば，一騎打ちを主体とする戦いでは両軍の兵士の数が

$$x_0 - x = E(y_0 - y) \qquad\qquad (5.2) と同じ$$

で示されるように減耗していくし，また，ごちゃ混ぜのチーム戦では

$$x_0^2 - x^2 = E(y_0^2 - y^2) \qquad\qquad (5.8) と同じ$$

のように兵士の数が減っていくことが実戦のデータで裏づけられなければ，モデルとしての地位を確保できないのです．

5. モデルが決め手   *173*

実際の戦いの様相は一騎打ちだけというほど斉々(せいせい)としたものでないし，やたらに射ちまくるというほどの乱打戦でもなく，たぶん1次法則と2次法則の間にあるでしょう．したがって

$$x_0^a - x^a = E(y_0^a - y^a) \tag{5.11}$$

ただし，$1 < a < 2$

という関係が実戦のデータで証明されれば，ランチェスターの法則が実戦をうまく模擬する有用なモデルであるとみなすことができます．実は，ランチェスターの法則のこのような検証は，多くの人たちによって行なわれ，この数学モデルが実用上の価値を持つと評価されています．

つぎに，旅客機の価格を推定するための

$$P \fallingdotseq 2.1 N^{0.72} \qquad\qquad \text{(5.10)と同じ}$$

というモデルはどうでしょうか．これは，モデル作りの手順をご紹介するために架空のデータから作り出したモデルであって，なんの検証も経ていませんから，モデルとしての実用価値はゼロです．本気で旅客機の価格を推定する数学モデルを作るつもりなら，価格 P を座席数 N だけの関数とするのではなく，いくつかの変数を組み合わせた数学モデルとする必要があるでしょう．

軍用機の価格について言うなら，私が防衛庁にいた当時，新しい軍用機の開発を計画するときには，アメリカの有名なシンクタンクであるランド研究所の数学モデルを参考にさせてもらっていました．ランド研究所のモデルでは，価格は最高速度と重さなどの関数として示されていました．中には1機2,000億円以上もの代物がありますから，いかにモデルが重要か，感覚的におわかりいただけるでしょう．

新しく作られたシミュレーションモデルは，正しさを実証したのち，はじめて一人前になるとはいうものの，正しさを実証する方法がいつもあるとは限りません．なにしろ，どうなるかわからないからシミュレーションをするのですから，シミュレーションの結果と比較できる実体が存在しないことが多いのです．これでは，モデルが正しいか否か判定する術がないではありませんか．

そういう場合には，仕方がありませんから，こうすればこうなるということが明らかな，特殊な条件のもとでシミュレーションを行ない，予想どおりの結果がでたら，モデルも正しかったと信じるほかないでしょう．

最後に珍問を

私たちの人生は，大小さまざまな決心の連続で，そのたびに多かれ少なかれ悩まなければなりません．なかでも悩みが大きいのは，目の前のチャンスを見送ってしまうと，もっといいチャンスが現われるとは限らず，目の前のチャンスに乗ってしまうと，それから先にあるかもしれない絶好のチャンスがむだになる，という場合でしょう．

たとえば，お見合いをした人を断わってしまうと，もっと魅力的な人があとで現われるとは限らないし，その相手と結婚してしまえば，結果的にもっと魅力的な人とのお見合いのチャンスを放棄したことになるかもしれない，というようにです．

このような悩みは，入学，入社，結婚，住宅の購入など，人生にとっての重大事につきまとうことが多いのですが，さて，このよう

な選択には，どのように対処するのが賢いのでしょうか．うじうじ
せずに，早めにチャンスに乗ってしまうほうが得なのでしょうか．
それとも，絶好のチャンスが現われるまで，ゆっくりと待つほうが
いいのでしょうか．シミュレーションによって最良の対処方針を見
つけていただくのが，この節の問題です．

　さっそく，いくつかの対処方針，つまり作戦のモデルを作って，
シミュレーションを始めていただきたいのですが，このままでは，
あまりに漠然としていて手のつけようがないかもしれません．そこ
で，問題を少し具体化しましょう．

　これから10回だけお見合いの機会があるとします．1回には1
人としかお見合いができませんし，いちど断わった相手とよりを戻
すこともできません．お見合いに現われるであろう10人の相手に
は，もっとも魅力的な人から，もっとも魅力的ではない人まで，10
段階の区別があるのですが，10人とのお見合いをすべて終わらせ
てみないことには，10人の順序を知る術がありません．判定でき
ることは，いま会っている人が，すでにお見合いをすませた人たち
との比較でなん番めかということだけです．

　また，お見合いの結果，こちらがOKしたにもかかわらず，相手
に断わられてしまう確率があることを忘れてはいけません．しかも
断わられる確率は，相手が魅力的であるほど高いと考えるのが現実
的でしょう．

　さぁ，このような設定のもと，さっそく作戦のモデル作りから始
めていただけませんか．モデルには，物理的な模型ばかりではな
く，数式や図，表などで書かれたもの，文章で記述されたものな
ど，さまざまな形式があるのですから，自由奔放に挑戦していただ

きたいと思います．ただし，シミュレーションをどう進めるかの構想をまず固めてからでないと，モデル作りがむだな作業になるおそれがあります．

実はこれは，**お見合いの問題**というニックネームで呼ばれるモンテカルロシミュレーションの古典的な題材のひとつです．外国ではお見合いの習慣がないので，「浜辺の美女の問題」といわれています．夏の浜辺で水着姿の女性たちをきょろきょろと見まわしている男たちが連想されて，ほほえましいような，いやらしいような……．

私も，お見合いに臨む作戦モデルをいくつか作り，トランプと乱数サイを使ってモンテカルロシミュレーションを行なってみました．そして，思ったよりじっくり待つほうが，魅力的な相手を獲得できる可能性が大きいことを知りました．待てば海路の日和あり，なのですね．

私が作った作戦モデルやシミュレーション結果は，ここでは目に触れないよう，234ページの付録(3)に載せておきますので，あとでごらんください．

6. コンピュータ・シミュレーション

シミュレーションは，模擬実験のことだといわれてきました．ところが近年になって，模擬実験という感覚には収まりきれないほど，シミュレーションの領域が拡がっています．コンピュータの卓越した計算能力を利用して，実物模型もなしに，コンピュータの内部でさまざまなシミュレーションを行ない，あたかも目の前で実験が行なわれているかのように，実験の結果を展示してくれるのです．このコンピュータ・シミュレーションは，単に模擬実験というより，物理，化学などの基礎技術を飛躍的に進歩させる切り札としての道を歩んでいます．

これはシミュレーションか

またまた戦争の話で，ごめんなさい．なんと中世と21世紀が混ざり合った奇妙な物語です．100人の兵士が守るY軍の砦を200人のX軍が攻めようとしています．両軍とも武器は弓矢だけ，いかにも中世の戦いです．ところが，攻撃側Xの大将は21世紀風でパソコンも使えるし，ランチェスターの法則も知っているのです．

X軍の大将は，砦を攻めるに先立ってつぎのように状況判断をしました．X軍とY軍は灌木や草むらに隔てられて対戦するから狙い射ちはむずかしい．やみくもに矢を射ち合いながら不運な兵士が死んでゆく消耗戦になるだろう．つまり，ランチェスターの2次法則

$$x_0^2 - x^2 = E(y_0^2 - y^2)$$ (5.8)と同じ

にしたがって戦いが推移するにちがいない．また，砦を守るY軍は砦の中に体の半分を隠して矢を射つのに対し，攻撃側のわがX軍にとって灌木や草むらは盾としてはほとんど役立たないから，Y軍の矢のほうがX軍の矢の2倍もよく当たりそうだ．つまり，

$$E = 2$$ (6.1)

と見積もらなければならないだろう．しかし，なんといってもX軍はY軍の2倍もの兵力を持っているのだから，兵力の多寡が戦いの勝敗を決定的に支配するというランチェスターの2次法則の教訓どおり，この戦いはX軍の勝利に終わるだろう．

X軍の大将は，このような状況判断にもとづき

$$200^2 - x^2 = 2(100^2 - y^2)$$ (6.2)

をパソコンに入力して，X軍の生存者数xとY軍の生存者数yがどのように推移するかを画面に表示しました．

図 6.1 をごらんください. x が 200 人, y が 100 人のところから始まった消耗戦は, まず, 最上段の矢印のように左下の方向へほぼ 45°の角度でスタートします. これは, 戦いの初期には両軍の戦死者がほぼ同数であることを物語っています.

戦いが始まってから暫くすると, 2 段めの図のように矢印の先端が少しずつ下方へ曲がり始めます. これは, X 軍の戦死者と較べて Y 軍の戦死者が増加しだすことを意味します. さらに時間が経つと, 3 段めの矢印はますます下方に曲がり, ついに最下段の矢印が示すように Y 軍の生存者はゼロになってしまい, 戦いは終わります. そのときの X 軍の生存者は 141 人ですから, 戦いの期間中に Y 軍は 100 人が全滅し, X 軍は 59 人が戦死することになります.

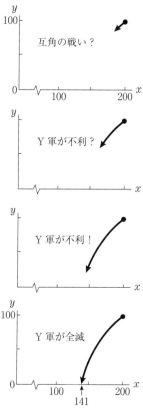

図 6.1 推移予測・シミュレーションふう

ランチェスターの 2 次法則の数学モデルと, E という係数の値が 2 であることと, x_0, y_0 という初期条件が 200 と 100 であることをインプットされたパソコンは, 画面の座標の中に矢印をするすると伸ばして戦いの推移を示してくれました. さて, これはシミュレーションと言えるでしょうか.

両軍の生存者数が時間とともに変化する様子をするすると伸びる矢線で模擬してくれるのだから，これもシミュレーションと呼ぶのが当然だといわれる方も少なくないでしょう．これに対して，電卓でもできる簡単な計算の結果を図示しただけに過ぎないから，矢線がするすると伸びてこようが最初から曲線として描かれていようが，これをシミュレーションなどというのはおこがましい，とお考えの方もいらっしゃるでしょう．どうやら，万人に共通の見解はなさそうに思えます．そこで，もうひとつの例をあげてみましょう．

これならシミュレーション

X軍の大将は，自分の状況判断が正しければ，59人の兵士を失う代わりに，100人の敵を全滅させて砦を占領できるはずと信じて，攻撃の火蓋を切りました．敵の砦にスパイを潜入させてあるので，Y軍の戦死者の数も手にとるようにわかります．戦いの初期には，予測どおりに互いの戦死者数はほぼ同じです．これは覚悟のうえです．間もなく，X軍の戦死者に較べてY軍の戦死者が増加しだすことでしょう．

少し時間が経ちました．ちょっと様子が変です．図6.2の上から2段めの図を見てください．黒丸で書き込んだ生存者数の実績が，前節の予測からずれているのです．予測したよりY軍の生存者数が減少しないではありませんか．このまま戦いを継続したらどうなるのかと不安が募ります．

戦いの様相を観察してみると，両軍の兵士は矢をやみくもに敵方へ射込んでいるようですから，ランチェスターの2次法則が当てはま

りそうな状況であることに変わりはありません．そうなると，E の値が予想よりY軍にとって有利な値，すなわち大きな値なのかもしれません．

こういうこともあろうかと，両軍の生存者数の実績から E の値を

$$E = \frac{x_0^2 - x^2}{y_0^2 - y^2} \quad (5.8) の変形$$

によって求め，その値を使って戦いの推移の予測を修正するプログラムを作ってあります．そこで，ある時点で

$x_0 = 200, \quad x = 170$

$y_0 = 100, \quad y = 79$

の値をインプットして予測を修正させたところ，予測の曲線は上から3段めの図のようになり，予測と実績がうまく一致しはじめました．

修正された予測によると，Y軍を全滅させたとき，X軍の生存者数は100人に減っていて，100人もの戦死者がでるかんじょうになるのですが，砦を陥落させるためには是非もありません．X軍の大将は戦いの継続を命じます．あとは，修正された

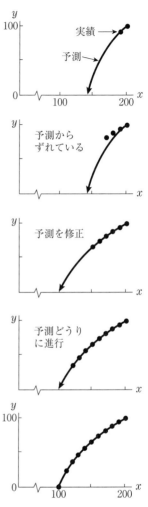

図6.2 これならシミュレーション？

予測どおりに戦いが推移し，兵士の半分を失ったものの，X軍が見事に砦を占領して戦いは終わりました．

　ちなみに，前ページ中ほどの値によってEを計算すると，Eは3とでます．Y軍の砦が思ったより兵士の命を守る盾の役目を果たしていたのでしょう．Eの値も予測曲線の画面の片隅に表示しておくほうがよかったかもしれません．

　いまの戦いでは，実績のデータを入力してEの値を訂正するだけで，うまいぐあいに戦いの推移を正しく予測することができました．けれども173ページあたりに書いたように．実戦はランチェスターの1次法則と2次法則の間にあり

$$x_0^a - x^a = E(y_0^a - y^a) \qquad (6.3)$$

$$\text{ただし，} 1 \leqq \alpha \leqq 2$$

としなければならないことも多いのですから，αを2に固定したままでは，実績が利用できないかもしれません．その場合には，Eの値とともに，αのほうも変化させてみる必要があります．こうなると，電卓を叩きながらの手計算では火急に間にあいません．どうしてもコンピュータの助けが必要です．

　そして，式(6.3)の計算式さえあれば，戦いの開始に先立って，E，α，x_0，y_0を自由に変えながら戦いの推移を予測できますから，もっと柔軟に多くの作戦を比較検討できるというものです．

　このような作業は，時間さえかければ電卓を叩きながら計算し，その結果をなん十枚ものグラフに描き並べて見せることができるとはいえ，コンピュータを使ったシミュレーションとみなすのがふつうの感覚ではないでしょうか．テレビの画面に流れる選挙結果の予測などがシミュレーションと呼ばれるのも，このような感覚にもと

づいているのでしょう.

コンピュータによる風洞実験

　第1章で, 空気には慣性, 粘性, 圧縮性などのややこしい性質が
あるので, なかなか理論どおりには流れてくれず, 飛行機の空気力
学的な設計のためには, どうしても風洞を使ったシミュレーション
実験が必要になる, という趣旨のことを書きました. さらに, 高速
大容量のコンピュータの出現によって, 風洞も模型もなしに空気の
流れを図示したり, 作用する力を求めたりできるようになってきて
いるとも書きました. 前半と後半の記述がやや矛盾しているように
思えますが, それはつぎのような事情があるからです.

　ライト兄弟が人類として最初の飛行に成功したのは 1903 年のこ
とですが, 流体についての研究は, それよりずっと昔から行なわれ
ていました. 流体の速度と圧力の関係を示したベルヌーイの定理が
18 世紀に発表されていることからも, そのことが窺えます. そし
て, 流体の運動を正確に表現したナビエ・ストークスの方程式が作
られたのが, 1840 年頃だといわれています.

　ところで, ナビエ・ストークスの方程式が流体の運動を正確に表
わしてくれるなら, 風洞実験などに頼らなくても, この式を利用し
て飛行機の空気力学的な設計をすればよさそうなものです. そのと
おりなのですが, ナビエ・ストークスの方程式というのは, 表 6.1 の
ような形をしているのです. この式は, きれいな形をしているので
すが, 非線形の部分を含んだりしているので, どうしても解析的に
解くことができません. 解析的に解けなくても, 数値を代入しなが

表 6.1　ナビエ・ストークスの方程式

液体の速度成分が x 方向に u であるとき

$$\frac{\partial u}{\partial t} + u\frac{\partial u}{\partial x} + v\frac{\partial u}{\partial y} + \omega\frac{\partial u}{\partial z} = \frac{\partial p}{\partial x} + \frac{1}{R}\left(\frac{\partial^2 u}{\partial x^2} + \frac{\partial^2 u}{\partial y^2} + \frac{\partial^2 u}{\partial z^2}\right)$$

　　　v ：y 方向の速度成分

　　　ω ：z 方向の速度成分

　　　p ：圧力

　　　R ：レイノルズ数

v および ω についても同様な式が成立する.

らしこしこと解く方法もあるのですが，それには気が遠くなるほどの手数がかかるので，現実問題として解けないのと同じことでした.

　いくら流体の運動を正確に表わしてくれる式があっても，それを解くことができなくては，実際の設計に利用することはできません. やむを得ず近似的な式を使って空気の流れを計算するのですが，それだけでは誤差があって危険なので，風洞実験を併用しながら設計を進めなければならなかったのです.

　ところが，近年になってコンピュータの高速化・大容量化が進み，ナビエ・ストークスの方程式を数値的に解くことが可能になりました. 気が遠くなるほど手数がかかる計算を，コンピュータが短時間で処理してくれるようになったのです. コンピュータが流体の正確な運動を教えてくれるなら，なにも風洞実験に頼る必要はないわけです.

　風洞実験にはかなりの費用がかかります. とくに超音速の風洞では，圧縮機で空気をせっせとタンクの中に詰め込み，この空気をピューと吹き出して数十秒くらいの超音速の流れを作り，その間にた

6. コンピュータ・シミュレーション

くさんのデータを集めなければなりません．そのため，設備が高価なばかりか，実験には多くの人数と経費を必要とします．しかも，飛行機のほうの性能も高くなったので，その開発のために要する風洞実験の回数は，うなぎ登りに増大することになります．

そのため，コンピュータによる計算がどんどん風洞実験にとって代わってきているのです．ナビエ・ストークスの方程式にモデルの形や風速などを示す具体的な数値を入れながら，モデルの表面や任意の場所の流速，圧力などを計算し，必要があれば空気の流れとか渦や衝撃波をディスプレイに表示します．まさに，風洞実験によるシミュレーションが目の前で行なわれている感じです．これは数値シミュレーションなどと呼ばれていますが，経験則を含む理論，実験に次ぐ第3の手段として，近年，急速に発達してきました．

数値シミュレーションの最大の有難さは，もちろん，従来の風洞実験にとって代わり，経費と期間を節約できることにあります．そして，それに加えて従来の風洞実験では見出せなかった異状な流れや渦などを発見したりして，飛行機の設計に思いがけないヒントをもたらしてくれることです．

なお，ナビエ・ストークスの方程式は理屈を考えて作り出した数学モデルですから，数学モデルとしての信頼性を高めるためには，折にふれて実機のデータや実験データと照合して検証しておく必要があることは，172ページで述べたとおりです．

解析的に解けば

前節では，コンピュータの進歩によって，流体の運動を正確に表

現した数学モデルを解析的に解けるようになって，さまざまな計算結果をあたかも物理的なシミュレーションのように展示できるようになった一例をご紹介しました．実は，このような例はこのほかにもたくさんあります．そして，それらはコンピュータ・シミュレーションと呼ばれ，実用の範囲は拡がるばかりです．そこで，コンピュータによる計算技術の解説にならないよう注意しながら，もう少しこの辺の事情をご紹介させていただこうと思います．

　まず，数学モデルが解析的に解けるとか，数値計算で解けるとかいうのは，どのような意味でしょうか．一例として高校の物理に出てきそうな問題を考えてみます．

　「天に向かってツバを吐く」という言葉があります．英語にも"Who spits against heaven, it falls in his face."という諺があるそうですから，人の悪口などを言うことに対する戒めは，洋の東西を問わないようです．ツバはちょっと力学的に扱いにくいので，ここでは，真上に向かって石を放り上げることを考えましょう．石はいずれ落下して，投げた人の頭を打つにちがいありません．いま，40 m/secの初速で石を真上に投げ上げたら，この石はなん秒後に頭上に落下するでしょうか. 40 m/secは時速144 kmに相当しますから，プロ野球の投手なみのスピードですが……．

　こういうとき，物理の知識がある人なら，

$$m \frac{d^2y}{dt^2} = -mg \tag{6.4}$$

という運動方程式をたてます．mは石の質量，yは空中に投げられた石の高さ，tは時間，gは重力の加速度です．また，d^2y/dt^2は石に生じる加速度であることも思い出しておきましょう．

6. コンピュータ・シミュレーション

まず，式(6.4)の両辺に m がありますから両辺を m で割り

$$\frac{d^2y}{dt^2} = -g \tag{6.5}$$

と簡略化します．そして両辺を t で積分します．

$$\frac{dy}{dt} = -gt + C_1 \tag{6.6}$$

C_1 は積分定数ですが，$t = 0$ とおいてみれば C_1 は初速を意味することがわかりますから，初速を v_0 と書けば

$$\frac{dy}{dt} = -gt + v_0 \tag{6.7}$$

です．dy/dt は石の速度ですから，時刻とともに変化する石の速度の関数形が求まりました．さらに，もういちど積分します．

$$y = -\frac{1}{2}gt^2 + v_0t + C_2 \tag{6.8}$$

となります．C_2 は新しい積分定数ですが，$t = 0$ とおいてみると，C_2 が $t = 0$ のときの石の高さであることがわかり，これはゼロです．したがって，

$$y = -\frac{1}{2}gt^2 + v_0t \tag{6.9}$$

であることがわかりました．この式に v_0 とか t の値を代入してやれば好きな時刻の y が求まりますし，また，y がゼロになるような t を求めることもできます．

このように，式(6.4)を運算して，数値を代入すれば y の値が求まるような関数の式(6.9)を得たとき，式(6.4)は**解析的**に解けた，といわれます．

ちなみに，式(6.9)から，y がゼロになるのは

$$t = 0$$
$$t = 2v_0/g$$
\hfill (6.10)

のときです．$t = 0$ は石を投げ上げた瞬間のことで，石が頭上に落下する時刻は2番めの式で表わされています．これに，初速や g の値を代入すると

$$t = \frac{2v_0}{g} = \frac{2 \times 40\text{m/sec}}{9.8\text{m/sec}^2} \fallingdotseq 8.16\text{sec} \tag{6.11}$$

を得ますから，真上に放り投げられた石が頭上に落下するまでに要する時間は，約8.16秒であることがわかります．

ところで，式(6.4)を解析的に解いて式(6.9)を導くことは，積分の心得がある人にとっては決してむずかしい作業ではありません．けれども，コンピュータにとっては，このような式の運算は大の苦手なのです．というよりも，原則としてコンピュータは，四則演算しかしないといっていいでしょう．したがって，コンピュータ・シミュレーションを行うために方程式を簡略化(離散化)するというステップが必要になります．

いっぽう，y とか t などの文字を含んだ式を運算するのではなく，実際の数値を加えたり掛け合わせたりするような計算は，数値計算と呼ばれます．そして，数値計算はコンピュータの大好物です．まちがえたり飽きたりすることなく，驚異的な速さで計算をくり返してくれます．では，この能力を活用していまの例題を解くには，どうすればいいでしょうか．

数値的に解けば

前節では,式(6.5)で表わされる加速度 d^2y/dt^2 を積分して式(6.7)で示された速度 dy/dt を求め,さらに,それを積分して空中に投げられた石の高さ y を表わす式(6.9)を求めたのでした.この手順を図示したのが図 6.3 です.

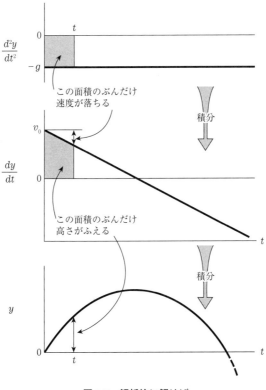

図 6.3 解析的に解けば

加速度 d^2y/dt^2 のグラフで，ある時間 t まで経過したときに作られる薄ずみを塗った長方形の面積が，t 時間後の速度 dy/dt を作り出します．ただし，いまの例では加速度の値がマイナスですから，速度はそのぶんだけ減少していくことにご注意ください．同じように，速度 dy/dt のグラフで t 時間に作られる薄ずみを塗った四角形の面積が，t 時間後の石の高さ y を作り出します．積分という計算は，このような作業なのです．

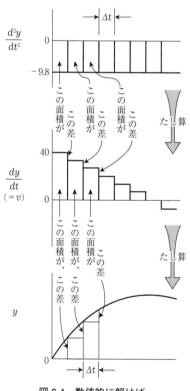

図6.4　数値的に解けば

いまの例では，薄ずみを塗られた2つの図形が両方とも四角形ですから，直接この面積を計算することは，コンピュータにとってもむずかしくはありません．けれども，d^2y/dt^2 や dy/dt のグラフが直線ではなく曲線で描かれていると，直接コンピュータが面積を計算することができません．ここでは，そのままでは薄ずみを塗られた2つの面積は計算できないものとして付き合ってください．

それでは，どうするかというと，図6.4のとおりです．まず，非常に短い時間間隔を Δt とします．そして，加速

度 d^2y/dt^2 のグラフを Δt の時間間隔でこま切れにしてください.

石が投げられた瞬間,つまり,$t = 0$ では

$$dy/dt(速度ですから v と書きます) = 40 \text{ m/sec}$$
$$y = 0 \text{ m}$$

$$(6.12)$$

です.その後,Δt だけ時間が経った時点では,加速度の 1 切れの面積は

$$- 9.8 \text{ m/sec}^2 \times \Delta t \text{ sec} = -9.8 \, \Delta t \text{ m/sec} \tag{6.13}$$

ですから,そのぶんだけ速度が減少し

$$v = (40 - 9.8 \, \Delta t \ ) \text{m/sec} \tag{6.14}$$

になると考えます.そして,さらに Δt だけ時間が流れると,また,加速度の 1 切れの面積ぶんだけ速度が減り

$$v = (40 - 9.8 \, \Delta t) \text{m/sec} - 9.8 \, \Delta t \text{ m/sec}$$
$$= (40 - 2 \times 9.8 \, \Delta t) \text{m/sec} \tag{6.15}$$

になるとみなしましょう.すなわち,本当は直線的に減少していく速度を,図 6.4 の中央に図のように,階段状に減少していくと近似的に考えるのです.*

いっぽう,y のほうについて見れば,最初の Δt の間に,速度の 1 切れの面積ぶんだけ y が増大しますから

$$y = 40 \text{ m/sec} \times \Delta t \text{ sec} = 40 \, \Delta t \text{ m} \tag{6.16}$$

になりますし,さらに Δt だけ経った時点では,速度の 2 番めの 1 切れぶんだけ値がふえて

---

* 近似の精度を良くするために,ただ階段状にするのではなく,台形にしたり 2 次曲線にしたりする方法が考案され使われています.たとえば,『微積分のはなし(下)【改訂版】』,231 ページ,あたりをご参照ください.

$$y = 40 \, \Delta t \, \text{m} + (40 - 9.8 \, \Delta t) \, \text{m/sec} \times \Delta t \, \text{sec}$$
$$= 80 \, \Delta t \, \text{m} - 9.8 (\Delta t)^2 \text{m} \tag{6.17}$$

となっていきます.

さらに Δt だけ経ったときには，そしてさらに Δt だけ経ったときには……，と根気よく続けていくと，いずれ v がプラスからマイナスの値に変わり，y は増大から減少に転じ，遂には y の値がゼロに戻るにちがいありません. その時点までに流れ去った Δt の数をかぞえ，Δt に掛け合わせれば，それが石が頭上に落下するまでの時間です. 直線を階段で近似しましたから，この時間には誤差が含まれていますが，Δt を小さくすればするほど，誤差は少なくなるはずです.

では，実際に計算してみましょう. Δt は 0.1 sec よりずっと小さな値にしたいところですが，いまは計算の手順をご紹介するのが目的ですから，計算の手間を省くとともに，計算結果を印刷しやすくするために，誤差が大きくなるのは承知のうえで

$$\Delta t = 0.5 \, \text{sec} \tag{6.18}$$

という，とんでもない値を使います.

以下，ごちゃごちゃするのを避けるために単位を省略して計算を進めていきます.

① $t = 0$ のとき

$$v = 40$$
$$y = 0 \tag{6.19}$$

② 0.5 秒たって $t = 0.5$ のとき

$$v = 40 - 9.8 \times 0.5 = 35.1$$
$$y = 0 + 40 \times 0.5 = 20.0 \tag{6.20}$$

6. コンピュータ・シミュレーション

③　さらに 0.5 秒たって $t = 1.0$ のとき

$$v = 35.1 - 9.8 \times 0.5 = 30.2$$
$$y = 20.0 + 35.1 \times 0.5 = 37.55$$

(6.21)

④　さらに 0.5 秒たって $t = 1.5$ のとき

$$v = 30.2 - 9.8 \times 0.5 = 25.3$$
$$y = 37.55 + 30.2 \times 0.5 = 52.65$$

(6.22)

というように，v や y の値が 0.5 秒経つごとに，前の時刻における値をもとにして作り変えられていきます．このような計算をしこしこと続けた結果は表 6.2 のとおりです．v の値は，だんだん減少して途中からマイナスの値に変わります．これは，はじめのうちは石が上に向かって動いているのに，途中から下に向かって動き出したことを意味しています．

y の値を見てください．時間の経過とともに増加していきますが，途中で増加が止まって減少に転じます．そして，8.5 秒をいくらか過ぎたところでゼロを切ってしまいました．8.5 秒と 9.0 秒における y の値を比例配分して，y がゼロになる時刻を計算してみると

表 6.2　数値計算はこうなる

t(sec)	v(m/sec)	y(m)
0.0	40.0	0.00
0.5	35.1	20.00
1.0	30.2	37.55
1.5	25.3	52.65
2.0	20.4	65.30
2.5	15.5	75.50
3.0	10.6	83.25
3.5	5.7	88.55
4.0	0.8	91.40
4.5	-4.1	91.80
5.0	-9.0	89.75
5.5	-13.9	85.25
6.0	-18.8	78.30
6.5	-23.7	68.90
7.0	-28.6	57.05
7.5	-33.5	42.75
8.0	-38.4	26.00
8.5	-43.3	6.80
9.0	-48.2	-14.85

$$t \fallingdotseq 8.8 \ \text{秒} \tag{6.23}$$

でした．解析的に計算して得た値は式(6.11)のように 8.16 秒でしたから，かなりの誤差があるとはいうものの，たし算，ひき算，掛け算だけの数値計算によっても問題を解くことに成功しました．こういうとき，**数値計算**で解けた，というわけです．

　解析的に解くときと異なり，数値計算の場合には，諸条件が数値で与えられていなければなりません．初速は v_0 ではなく 40，加速度は g ではなく 9.8 というようにです．そして，出てくる答えは式(6.9)のような関数ではなく，表 6.2 のような数値です．その代わり，神様のいたずらで，途中から急に重力の加速度が変わったなどという不連続なことが起こっても平気です．途中から数値の一部を変えてやればいいだけですから……．

　ちなみに，前節で求めた式(6.9)のように，v_0 や t などについて一般的な形をしている解を**一般解**といい，この節の場合のように $v_0 = 40 \ \text{m/sec}$ などの特定された条件のもとで求められた解を**特殊解**と呼んでいます．いいかえれば，一般解に含まれる v_0 や t などの文字に，特定の値を代入したときに得られる具体的な数値が特殊解です．そして，数値計算で求めるのは，一般解ではなく，特殊解です．

　いまの例では，計算手順を明らかにするために Δt を 0.5 秒にするなど，許せないほど粗い計算をしたので，結論にも大きく誤差を含んでしまいました．しかし，Δt を小さくするとともに，191 ページの脚注のようなくふうをすれば，いくらでも精度をよくすることができます．もちろん，そのぶんだけ手数がかかりますが，このような計算は，コンピュータが最も得意とするところですから，この程度の問題なら，あっという間に解いてしまいます．とはいうもの

の，いまの問題を解くのにコンピュータを使う利点はほとんどなさそうですね．

数値計算で最適の答えを見つける

こんども高校の物理の問題です．ボールを一定の速さで投げるとします．水平に対してなん度の角度で投げたときに，ボールはいちばん遠くまで飛ぶでしょうか．ただし，空気の抵抗は無視します．

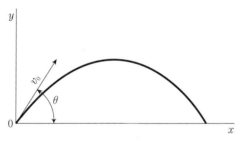

図 6.5　ボールの遠投

物理と積分と三角関数の心得のある方なら，この問題を解析的に解くのは決してむずかしくありません．

$$\begin{cases} m\dfrac{d^2x}{dt^2} = 0 \\ m\dfrac{d^2y}{dt^2} = -mg \end{cases} \therefore \begin{cases} \dfrac{d^2x}{dt^2} = 0 & (6.24) \\ \dfrac{d^2y}{dt^2} = -g & (6.25) \end{cases}$$

の両式を t で積分し，初速の x 成分は $v_0\cos\theta$，y 成分は $v_0\sin\theta$ であることを考慮して積分定数を決めると

$$\begin{cases} \dfrac{dx}{dt} = v_0 \cos \theta & (6.26) \\[4mm] \dfrac{dy}{dt} = -gt + v_0 \sin \theta & (6.27) \end{cases}$$

を得ます. さらにもういちど積分し, $t = 0$ のとき x も y も 0 であるとすれば

$$\begin{cases} x = v_0 \cos \theta \cdot t & (6.28) \\[4mm] y = -\dfrac{1}{2} gt^2 + v_0 \sin \theta \cdot t & (6.29) \end{cases}$$

となります. ここで, 式(6.29)によって $y = 0$ になるような t を求めると

$$t = 0 \quad \text{または} \quad t = \frac{2v_0}{g} \sin \theta \qquad (6.30)$$

です. このうち $t = 0$ は, ボールを投げた瞬間のことですから, ボールが再び地上に落下するまでの時間は, 2番めの式で表わされているはずです.

そこで, 2番めの式を式(6.28)に代入すると

$$x = \frac{2v_0^2}{g} \sin \theta \cos \theta = \frac{v_0^2}{g} \sin 2\theta \qquad (6.31)$$

となり, これがボールの到達距離を表わします. そして, この値が最大になるのは

$$\sin 2\theta = 1 \qquad (6.32)$$

のときですから

$$2\theta = 90° \qquad \therefore \quad \theta = 45° \qquad (6.33)$$

であり, 初速が一定なら, 水平から45°上方に向かってボールを投

6. コンピュータ・シミュレーション

げたときに，ボールはいちばん遠くまで飛ぶ，ということがわかりました．

では，この問題を数値的に解いてみてください．初速が一定といわれても v_0 などという数値は存在しませんから，初速を前節の例に合わせて 40 m/sec としましょう．さらに，なん度の角度で投げるかも決めなければ計算が始まらないのですが，これはやっかいな自己矛盾です．なにしろ，どの角度で投げたらいいかを見つけるための計算をするのに，角度を決めないと計算がスタートできないのですから……．

やむを得ませんから，あてずっぽうに投げ出す角度を 30° として計算をスタートしましょう．

そうすると，投げた瞬間にボールに与えられる速度の x 成分と y 成分は

$$\left.\begin{array}{l} v_x = 40 \cos 30° = 34.64 \text{ m/sec} \\ v_y = 40 \sin 30° = 20.00 \text{ m/sec} \end{array}\right\} \quad (6.34)$$

ということになります．

では，前節の場合と同様に誤差が大きくなるのは覚悟のうえで

$$\Delta t = 0.5 \text{ sec}$$

とし，単位を省略して数値計算をすすめます．

① $t = 0$ のとき

$$\left.\begin{array}{l} v_x = 34.64 \\ v_y = 20.00 \\ x = 0 \\ y = 0 \end{array}\right\} \quad (6.35)$$

② 0.5 秒たって $t = 0.5$ のとき

$$v_x = 34.64 + 0 \times 0.5 = 34.64$$
$$v_y = 20.00 - 9.8 \times 0.5 = 15.10$$
$$x = 0 + 34.64 \times 0.5 = 17.32$$
$$y = 0 + 20.00 \times 0.5 = 10.00$$

(6.36)

③ さらに 0.5 秒たって $t = 1.0$ のとき

$$v_x = 34.64 + 0 \times 0.5 = 34.64$$
$$v_y = 15.10 - 9.8 \times 0.5 = 10.20$$
$$x = 17.32 + 34.64 \times 0.5 = 34.64$$
$$y = 10.00 + 15.10 \times 0.5 = 17.55$$

(6.37)

あとは表 6.3 のように進行します. 4.5 秒を少しすぎた頃には y の値がゼロになり, ボールが地表に落下したことを示しています.

そこで, 4.5 秒と 5.0 秒における y の値を比例配分して, それに相当する x の値を求めてみると

$$x \fallingdotseq 159 \text{ m} \tag{6.38}$$

という答えが出ました. 空気の抵抗は無視しているとはいえ, ま

表 6.3 きめの粗い計算ですが

t(sec)	v_x(m/sec)	u_y(m/sec)	x(m)	y(m)
0.0	34.64	20.00	0.00	0.00
0.5	34.64	15.10	17.32	10.00
1.0	34.64	10.20	34.64	17.55
1.5	34.64	5.30	51.96	22.65
2.0	34.64	0.40	69.28	25.30
2.5	34.64	-4.50	86.60	25.50
3.0	34.64	-9.40	103.92	23.25
3.5	34.64	-14.30	121.24	18.55
4.0	34.64	-19.20	138.56	11.40
4.5	34.64	-24.10	155.88	1.80
5.0	34.64	-29.00	173.20	-10.25

6. コンピュータ・シミュレーション

た，かなりの誤差を含んでいる可能性があるとはいえ，初速 40 m/sec（時速 144 km）というのは，やはりたいへんな強肩ですね．

強肩に感心している場合ではありませんでした．私たちに与えられたテーマは，なん度の角度で投げたらいちばん遠くまで飛ぶかを求めることでした．しかし私たちは，

30°で投げると　159 m

という，たった 1 つの値を得たにすぎません．この値が，いちばん大きな値だという保証はどこにもないのです．角度を変えるともっと遠くまで飛ぶかもしれないではありませんか．

そこで，角度をあてずっぽうで 40°に変えてみます．こんどは投げられた瞬間のボールの速度成分は

$$v_x = 40 \cos 40° = 30.64 \text{ m/sec}$$
$$v_y = 40 \sin 40° = 25.71 \text{ m/sec} \qquad (6.39)$$

ですから，この値を使って，ごめんどうでも表 6.3 と同様な数値計算をしてください．そして，y がゼロになったときの x の値を出すと

$x ≒ 176 \text{ m}$

となりました．すなわち

40°で投げると　176 m

も飛ぶのです．30°で投げたときより，ずいぶん遠くまで飛んでいます．さらに角度を大きくすれば，もっと飛ぶかもしれません．

そこで，角度を 50°にして同じような計算をしこしこと繰り返してみます．その結果

50°で投げると　169 m

だけ飛ぶことがわかりました．40°のときに較べて飛距離が減ってしまいました．きっと，いちばん遠くへ飛ばすための角度は，50°

より小さいのでしょう.

それでは,角度を 45°に減らしてみましょうか.またもやしこしこを繰り返すと

　　　　　45°で投げると　175 m

と出ました.この値は 50°のときよりは大きいものの,40°のときには及びません.もっとも遠くへ飛ばすための角度は,45°より小さいほうに潜んでいるのでしょう.それを突き止めるためには,角度を少しずつ減らしながら「しこしこ」を繰り返すほかありません.やってみると

44°で投げると　176 m

43°で投げると　176 m

42°で投げると　176 m

41°で投げると　176 m

40°で投げると　176 m

39°で投げると　175 m

ということがわかりました．したがって，いちばん遠くへボールを飛ばすためには，約42°の方向へボールを投げるのがいいというのが，きめの粗い数値計算の結論でした．ああ，しんど……．

いまの例のように，最適の値を見つけるような問題を数値計算で解こうとする場合，1回の計算で最適の値に命中させることはできません．仕方がありませんから，適当な値から計算をはじめて，逐次，最適の値に近づく方向で計算を繰り返して，頂点を見つけなければなりません．このような方法は**山登り法**と呼ばれています．山登りの方法にいろいろなくふうがあるとはいいながら，かなり原始的な方法ではありませんか．コンピュータは，この手の作業は厭わないからいいようなものの，解析的に解けるなら，わざわざコンピュータを使う必要はないようです．

解析的に解けなくても数値計算はできる

前々節と前節では，解析的にも解ける問題を例にとって，数値計算の手順をご紹介しました．なるほど，このような手順を踏めば，たいていの問題は数値計算で一応の答えを見つけることができそうです．しかし，数値計算はやたらと手間がかかります．とくに計算

の精度を高めようとすれば，手間は急激に増加します．手間はコンピュータに負担してもらうとしても，解析的に解けるものをわざわざ数値計算で解く必要はないではないか，というのがおおかたのご感想かと思います．

それなら，つぎの微分方程式を見てください．

$$\frac{dy}{dx} + y \sin x = 1 \tag{6.40}$$

この式は簡単そうに見えますが，実は，たいへんな難物なのです．プロの数学者ならなんらかの手があるのかもしれませんが，少なくとも私くらいの数学力では，歯が立ちません．解析的に一般解を見つけることができないのです．

そこで，数値計算をしてみようと思います．初期条件は

$$\left. \begin{array}{l} x = 0 \\ y = 1 \end{array} \right\} \tag{6.41}$$

としましょう．まず，式(6.40)を数値計算むきに

$$\frac{\Delta y}{\Delta x} + y \sin x = 1 \tag{6.42}$$

と書き直してから

$$\Delta y = \Delta x(1 - y \sin x) \tag{6.43}$$

と変形します．x が Δx だけふえたときの y の増加量 Δy が，この式で求められることになりました．Δx はもちろん小さければ小さいほど計算の精度はいいのですが，ここでは

$$\Delta x = 0.1 \tag{6.44}$$

としてみましょう．

では，さっそく数値計算をはじめます．*

① $x=0$ では $y=1$ (6.45)

② x が Δx だけふえて 0.1 になると

$\Delta y = 0.1(1-1\sin 0) \fallingdotseq 0.1$

∴ $y \fallingdotseq 1 + 0.1 = 1.1$ となる (6.46)

③ x がさらに Δx だけふえて 0.2 になると

$\Delta y = 0.1(1-1.1\sin 0.1) \fallingdotseq 0.089$

∴ $y \fallingdotseq 1.1 + 0.089 = 1.189$ (6.47)

④ x がさらに Δx だけふえて 0.3 になると

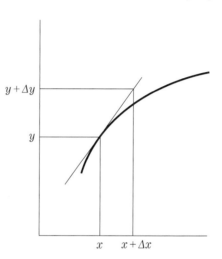

図 6.6 Δx に対応して Δy ふえるとみなす

---

* 189 ページ以降，数値計算による近似は，いずれも
$$f'(x) \fallingdotseq \frac{f(x+\Delta x) - f(x)}{\Delta x}$$
です．式 (6.40) を
$$f'(x) + f(x)\sin x = 1$$
と書き直し，前記の式を代入して整理すると
$$f(x+\Delta x) = f(x) + \Delta x\{1 - f(x)\sin x\}$$
となり，この節の数値計算はこれを使っているわけです．

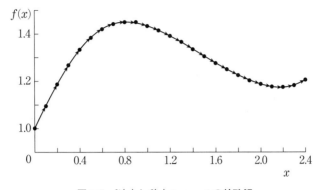

図 6.7　$f'(x)+f(x)\sin x = 1$ の特殊解
　　　　($f(0)=1$ を出発点とし，$\varDelta x = 0.1$ として計算)

$$\varDelta y = 0.1(1-1.189\sin 0.2) \fallingdotseq 0.076$$
$$\therefore\quad y = 1.189 + 0.076 = 1.265 \tag{6.48}$$

この計算をどんどん続け，その結果をグラフに描くと図 6.7 のようになりました．

いかがでしょうか．こんどは，解析的には歯が立たなかった微分方程式を数値計算で解くことができました．数値計算に脱帽，最敬礼です．

有限要素法で計算する

数値計算のご紹介に多くのページを使いすぎてしまいましたが，そのおかけで，解析的には解けない方程式であっても，数値計算ならなんとかなることを知りました．ただし，数値計算は思いのほか手数がかかるのでした．ところが，数値計算の手数は，このくらい

6. コンピュータ・シミュレーション　　　**205**

で驚いていてはいけないのです.

　前節までは, 式(6.5), 式(6.24), 式(6.25), 式(6.40)などのすべてが

$$y = f(t) \quad \text{または} \quad y = f(x) \tag{6.49}$$

のように変数が1つだけでした. したがって, これらの関数は平面上に曲線で表わすことができ, 数値計算のときには, その曲線を折れ線で近似して処理したのでした.

　では, 変数が2つにふえ, 関数が

$$z = f(x, y) \tag{6.50}$$

になったらどうでしょうか. 一般には, この関数は図6.8の上半分のように曲面で表わされます. そして, xを定数とすればzはyだけの関数となり, 曲面をx軸に直角な平面で切断した曲線が現われ, その曲線の傾きは

$$\frac{\partial z}{\partial y} = f(y) \tag{6.51}$$

で与えられます. 同様に, yを定数とすると曲面をy軸に直角な平面で切断した曲線が現われ, その傾きは

$$\frac{\partial z}{\partial x} = f(x) \tag{6.52}$$

の形となります.

　したがって, 前節までにご紹介した数値計算の手順を2つの変数の場合に拡張するなら, こんどは

$$\frac{\partial z}{\partial x} \text{と} \frac{\partial z}{\partial y} \text{を含む式} \tag{6.53}$$ [*]

に従いながら, zの値を数値計算することに相当します. そして,

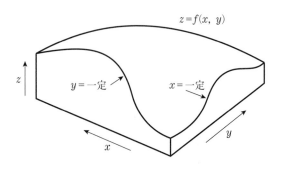

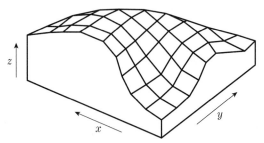

図 6.8 曲面を多数の平面の連なりで近似する
（三角形の平面の連なりを使うことも多い）

変数が 1 つだけの場合には，Δt のような非常に小さな区間ごとに曲線を直線とみなして，単純な計算を積み上げていったのでした．これに対して，こんどは曲面上に区切られる非常に小さな区間ごと

---

* $\partial z/\partial x$ は $z = f(x, y)$ における y を定数とみなして z を x で微分することを意味し，z を x で**偏微分**するといいます．そして，$\partial z/\partial x$ や $\partial z/\partial y$ のような偏微分を含んだ方程式を**偏微分方程式**と呼びます．

に曲面を平面とみなして，逐次，計算を積み上げていかなければなりません．

それをイラストに描いたのが図 6.8 の下半分でした．非常に小さな個々の平面の区画を要素とみなすと，計算しようとする範囲を有限個の要素に区切って計算を積み上げていきますから，こういう数値計算の仕方は**有限要素法**と名づけられています．

有限要素法による数値計算の場合にも，初期条件が与えられれば，そのときの z の値を出発点にして，要素の線に沿いながら直線的に数値を加積していくのですが，こんどは，もうひとつの条件に留意しなければなりません．図 6.9 を見ていただくまでもなく，いちばん外側に配置された要素を除けば，すべての要素は線の部分を隣りの要素と共有しているのです．z の値を決める頂点の部分を隣りの要素と共有していると考えるほうがいいかもしれません．あ

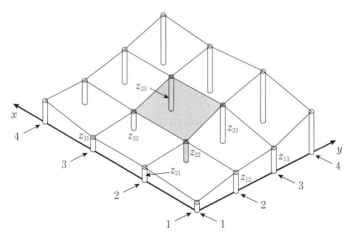

図 6.9　どの要素平面も，頂点を他の要素平面と共有している

るいは，1つの頂点は4つの要素が共有しているとみなすほうが，もっといいでしょう．

図 6.9 の，たとえば z_{22} という z の値にご注目ください．この z_{22} は，それを取り囲む4つの要素にとって共通の値です．したがって

z_{12} から計算された z_{22}

z_{21} から計算された z_{22}

z_{23} を計算するための z_{22}

z_{32} を計算するための z_{22}

は同じ値でなければなりません．つまり，これらを等しいとおいた連立方程式が，成立しなければならないのです．

図に薄ずみを塗った要素について見るならば，z_{23} についても，z_{32} についても，また，z_{33} についても，同じような連立方程式を成立させながら，4辺のそれぞれが $\partial z/\partial x$ と $\partial z/\partial y$ とを近似的に満足する傾きになるよう，数値計算を進める必要があります．これは，たいへん手数のかかる作業です．有限要素法による数値計算は，解析的には解けない偏微分方程式を解くための切り札です．しかし，たいへんな手数を覚悟しなければなりません．

コンピュータが不可能な数値計算を可能にした

私たちは3次元の世界に住んでいます．したがって，私たちの身辺に起こる現象は，3次元の空間内で連続的に変化するのがふつうです．たとえば，空気の密度とか物体の温度などは，空間内の位置によって異なり

$$f(x, \ y, \ z) \tag{6.54}$$

6. コンピュータ・シミュレーション

で表わされる関数と考えなければなりません。したがって，3次元空間内の現象は，少なくとも3つの変数があり

$$\frac{\partial f}{\partial x},\ \frac{\partial f}{\partial y},\ \frac{\partial f}{\partial z} \text{ を含む式} \tag{6.55}$$

で示されます。そして，この偏微分方程式が解析的に解けない場合には，初期条件を決めたうえで数値計算をしなければなりませんが，こんどは一段と手数がかかります。変数が2つのときには，非常に小さな平面の連なりで近似して計算を積み上げたのでしたが，変数が3つになると，非常に小さな多面体の連なりで近似したうえで，ひとつひとつ計算を積み上げる必要があるからです。

たとえば，ある変数の方向を100の小区間に区切って数値計算をするとすれば，

変数が1つなら	100 個の点
変数が2つなら	10,000 個の点
変数が3つなら	1,000,000 個の点

について計算をしなければならない理屈です。そのうえ，要素の頂点の値が隣接する要素と共通であることを示す連立方程式の数が，変数の増加につれてふえますから，1つの点についての計算の手数も増大するのです。こういうわけで，3次元空間内の現象を数値計算で解明するためには，たいへんな手数を覚悟しなければなりません。

さらに，もっとたいへんなことがあります。私たちの身辺で起こる3次元空間内の現象の多くは，時間とともに刻々と変化しているのです。加熱されているヤカンの中の水は，刻々と変化する対流を起こしながら全体として温度が上昇していくし，つむじ風は刻々と

形を変えながら移動していく，というようにです．そのため，刻々と移り変わる現象を数値計算で解明するためには，少しずつ時刻をずらしながら，変数が3つの場合の計算を繰り返さなければなりません．

たとえば，x, y, zの3方向を100区画ずつに区切ってできた100万個の格子点について，1分間ぶんの動きを0.01秒おきに計算をしようとするなら

100万 × 6000 ＝ 60億回

もの積み上げ計算が必要になるかんじょうです．そして，1つの格子点での値を求めるためには，大規模な連立方程式を解いたりするので，1万回くらいの四則演算が必要ですから，しめて

60兆回

もの四則演算を繰り返さなければなりません．

これは驚異的な計算量です．1960年くらいまでは，いくらコンピュータの助けを借りても，実行不可能な計算量でした．184ページあたりで，流体の運動を正確に教えてくれるナビエ・ストークスの方程式がありながら，この式を数値的に解こうとすると気が遠くなるほどの手数がかかり，現実問題として解けないのと同じであったと書きましたが，その理由がここにあったわけです．

しかし，1970年代の中ごろになると，スーパーコンピュータの計算能力が対数的に増大して，1秒あたり1億回もの四則演算をこなすものが現われてきました．そうなると，60兆回の演算を170時間弱でやり遂げることができます．170時間もスーパーコンピュータを独占できるのは，特殊な立場の方に限られるとはいえ，それでも，ナビエ・ストークスの方程式を使って流体の運動をグラ

フィックに表示できるようになったのです.

さらに年代がすすんで 1990 年代にはいると, スーパーコンピュータの演算速度が 1 秒に 30 億回を超すようになってきました. これにより, 計算時間を短縮することも, 格子点の刻み幅を小さくして数値計算の精度を向上させることも可能になりました. そして今, スーパーコンピュータ「京」は, 1 秒間に 1 の後に 0 が 16 個も続くとてつもなく大きな数字の計算をやってのけます. つまり, 1 京です. 1 秒間に 1 京の計算をやってのけるため,「京」という名がつけられたのです.

これぞ, コンピュータ・シミュレーション

解析的に解くことができない複雑な現象をコンピュータの桁外れな計算能力を利用して数値的に計算し, その結果をプリントアウトしたり, 動く画像としてディスプレイに表示したりする技術が日増しに進歩するにつれて, その応用範囲もどんどん拡がってきました.

いちばん古い歴史を誇るのは, 建築の構造設計かもしれません. もともと建築物では, 鉄材を三角形や四角形に継ぎ合わせて骨組みを作ることが多く, その場合, 荷重や歪の大きさとか伝わり方の計算に有限要素法が利用できるし, また, 格子点の数も多くはないので, 計算がやりやすかったからでしょう.

しかし, 現代のように建築物が高層化してくると格子点は増大するし, 格子の目も細かくする必要があります. そうなると, 数値計算がたいへんになります. 超高層ビルでは, 多数の箇所に小さな損

傷が複雑に起こって崩壊しますが，コンピュータ・シミュレーションによって損傷を再現し．弱点となる部分を高い精度で予測できるようになりました．

　そう遠くない将来に，関東大震災級の首都直下型地震が起こると言われていますが，コンピュータ・シミュレーションによって耐震技術が高度化し，都市の地震防災対策に大いに役立てられています．

　空気や水などの流体の動きの解析のためにコンピュータ・シミュレーションは多用されていますが，スーパーコンピュータの実用化が加速したことによって，近年急速に発達してきたのが数値流体力学(CFD：Computational fluid dynamics)です．ボーイング社では，スーパーコンピュータとCFDによって，わずか20年の間に風洞実験が9割も削減されたそうです．

　航空機の周りの空気の流れを正確に計算するためには，何千万もの格子でナビエ・ストークスの方程式を解かなければなりませんから，コンピュータの性能の飛躍的向上があったからこそですね．とくに風洞実験の設備が欧米に大きく遅れをとっている日本では，CFDはとりわけ有効な手法でしょう．ただし，コンピュータ・シミュレーションの割合が高まっているとはいえ，完全に風洞実験に取って代わったわけではなく，風洞実験と併用されています．もちろん，実機での検証は必須です．

　ジェットエンジンでは，限られた容積の燃焼器を高速で通過する高圧の空気の中で，いかに燃料を大量に効率よく燃焼させられるかが，エンジンの性能を大きく左右します．この燃焼器の中は，空気，燃料の霧，可燃状態になったガスと，燃焼中のガスと燃焼が終

6. コンピュータ・シミュレーション

わったガスとが複雑に混ざり合い，大きな渦と流れが入り乱れています．このコンピュータ・シミュレーションに世界で初めて挑戦したのは，プラット＆ホイットニー社でした．燃焼器内部の複雑な流れや温度分布を解析して，燃焼器の寿命を著しく改善することに成功したのです．

空気の流れについていえば，自動車設計への応用にもめざましいものがあります．空気抵抗を減らすために，古くから風洞実験は行われてきました．もちろん，これは今でも行われていて，トヨタ自動車のホームページによれば，トヨタ自動車では全長 100 m，全幅 52 m，全高 27 mもの立派な実験棟を有しています．しかし，車体を使った実験では，空気の渦や流れを細かく測定することができません．また，いろいろと車のかたちを変えて性能を評価しようとすると，莫大なお金と時間がかかります．これをコンピュータによる空力シミュレーションを行うことで，開発費を抑えたうえで，より性能の良い車を開発することができるようになりました．同じくトヨタ自動車のホームページによれば，時速 100kmで走っている車の走行抵抗の約 70%は空気抵抗だそうです．

このように自動車メーカーは，空気抵抗を減らすことで燃費を良くして環境性能を向上させることはもちろん，空気抵抗による騒音を減らして快適な乗り心地を実現するために，コンピュータ・シミュレーションを活用しています．

流体といえば，海水もそうです．九州の北西部にある有明海は，潮がひくと広大な干潟ができてムツゴロウが跳ねまわるので有名ですが，その有明海の奥の六角川の河口付近にある住ノ江という場所の干満差は，平均で 4.9 mにも及び，日本一の干満差を誇ります．

過去，最大で6.8 mもの干満差を記録したことがあるそうですから，なんと，2階建ての家と同じくらいです．では，なぜ有明海の奥部で，これほどまでの干満差が現れるのでしょうか．

有明海は1つの大きな湾ですから，湾内の大量の海水が，潮の満ち干につれて湾の入口を出たり入ったりします．この動きと外海の干満とが共振して，干満差を作り出しているのです．有明海や東京湾のように閉鎖された海は，非常に揺れやすい固有の周期を持っています．この固有周期に近い周期で揺すると，共振による振れ幅が大きくなるのです．有明海の固有周期は7.9時間ですが，これが月による干満の周期に近いので，東京湾や大阪湾などとは比べられないくらい，大きな干満差が現れるのです．このことは，コンピュータ・シミュレーションによって立証されたのですが，この程度の干満差で納まっていることもコンピュータが立証してくれています．

話題が変わります．天候・気象は私たちにとってもっとも身近で，影響も大きいのに，理論の解明が思うに任せない分野のひとつです．地球表面における空気の流れ，水の蒸発から雨に至る過程，海洋の流れや温度分布など，どれひとつとっても，ひとすじ縄では解明できないような現象が複雑にからみあっているからです．

現在の天気予報は，スーパーコンピュータ上でさまざまな物理法則をシミュレーションして行われています．これこそ実験することができませんから，大規模なシミュレーションが行われています．とはいえ，気象庁のホームページによれば，現在，夕方5時に発表される明日の24時間予報の的中率は，全国平均で86%，明後日の24時間では83%です．年々精度が上がっていますが，次の日の予報でさえ10回に1回以上外れる計算ですから，まだまだ解明すべ

き点が多いのでしょう.

　考えてもみてください. 陸地あり海あり, 山あり川あり, 森林あり砂漠ありの複雑な地形の上を変幻自在の空気が取り巻き, 水がさまざまに姿を変えながら地表から上空までを往来し, 太陽からの照射や地球の自転ばかりか, 地表の動植物の営みや火山の噴火など, 数えあげればきりのないほどの現象がからみあった気象の状態をモデル化するのはたいへんなことです. 前の章で, 社会現象は因果応報のからくりが複雑すぎて, モデル化は至難の業であると書きましたが, 自然現象とはいえ, 気象の複雑さはそれに勝るとも劣りません.

　しかし, 大気や海洋についての既知の知識のほかに数多くのデータが収集可能となり, それに加えて, 多くの仮説や優れた洞察力で精密に気象をモデル化できるようになってきました. ここから, スーパーコンピュータの出番です. かりに, 地球の表面を 1 km 平方の格子で区切ることにしましょう. 地球の表面積はおおよそ 5×10^8 km^2 ありますから, 地表を 5×10^8 個に区分することになります.

　高度のほうは, もっと細かく刻まなければならないでしょう. かりに, 対流圏をカバーするように 20 km までの高度を対象とし, それを 0.1 km おきに刻むとすれば, 200 個に区分することになり, 対流圏の格子の数は

$$5 \times 10^8 \times 200 = 10^{11} \text{ 個}$$

です. さらに時刻のほうも刻む必要があります. 私は気象についてはずぶの素人なので見当がつきませんが, 天気が数分で激変することもありますから, 0.1 時間くらいの幅でも大きすぎるのかもしれ

ません. かりに, 1000 時間を 0.1 時間で区切るとすると, 10,000 区画ができますから, 全体の格子の数は

$$10^{11} \times 10^4 = 10^{15} = 1,000 兆個$$

です. 211 ページあたりの例と比較していただけるとわかりますが, 1990 年代までなら, いかにスーパーコンピュータといえども, 1,000 兆個という数字はたいへんなものでした. しかし, 現在のスーパーコンピュータの計算能力なら苦もない値です.

コンピュータの桁外れの計算能力を利用して現象を数値解析し, その結果をグラフィック表示しようという試みは, これらのほかにも多くの分野で行なわれ, きわだった成果をあげています. コンピュータ・シミュレーションは, 自然科学や社会科学をいっそう進歩させていくための有用な道具として, その地位を確立しました.

ところで, このような手法に対してさえ, 本質的にはしこしこと算術計算をした結果を動画にして表示する手法にすぎないのだから, シミュレーションと呼ぶのはおこがましいのではないか, ほんとうにシミュレーションと呼んでいいのはモンテカルロシミュレーションだけではないか, と主張される潔癖な先生もいらっしゃると聞きます.

なるほど, モンテカルロシミュレーションでは, 人間の意志で最後まで計算することを放棄して, 神様のおぼしめしに任せてしまうようなところがありますから, 数値計算によるシミュレーションとは本質的な相違があることは事実でしょう. しかし, 神様に任せるといっても, 神様が大数の法則*に従ってくれることを信じている以上, コンピュータの代わりに神様に計算してもらっているようなものですから, 本質的にはたいした相違ではないようにも思えま

6. コンピュータ・シミュレーション　　　**217**

す.

　それに，風洞実験や電気回路などによる模擬実験をシミュレーションと呼び慣わしてきた歴史的な事実もありますから，モンテカルロだけに限定するのではなく，数値計算やディスプレイによって実際の現象を模擬する手法も，広くシミュレーションと呼んでいいではありませんか.

　「はじめに言葉ありき－ヨハネ伝」というくらいですから，言葉の定義が重要であることは承知していますが，日進月歩の科学技術などの用語については，教条主義に陥らないようにしたいものです.　もっとも，第1章の最後の部分で指摘したように，シミュレーションという言葉の魔力を意図的に悪用することのないよう，自戒しなければなりませんが.

モンテカルロをコンピュータで

　モンテカルロシミュレーションはとても便利な方法で，数学的には手に負えないような難問に対しても，一応の答えを出してくれる.　けれども，シミュレーションの回数が少ないと，その答えには大きな誤差が含まれている危険性があり，誤差を小さくするためには，非常に多くの回数が必要になる，と前に書いたことがありました.　確かに，おおざっぱな見当をつけるだけなら，手作業のモンテカルロでも役に立つことが少なくありません.　それに，プログラム

　＊　確率的な事象では，試行回数がふえればふえるほど試行の結果がほんとうの確率から大きく外れる可能性はゼロに近づきます.　これを**大数の法則**といいます.

を組む手間もいりません．作業が機械の中で進むのではなく，シミュレーションの一部始終が目の前で進行しますから，その過程で見落としていたり，勘ちがいしていた事実に気づくことも多くあります．手作業のモンテカルロの効果を声を大にして吹聴したいくらいです．

けれども，もう少し高い精度が欲しい場合や，少しずつ条件を変えながらたくさんのケースについてシミュレーションをしたい場合には，とても手作業ではやりきれません．どうしてもコンピュータの助けが必要になります．

たとえば，大きめのスーパーのレジを考えてみてください．客の到着はランダム到着ですが，その密度は一定ではありません．開店から閉店までの間にどのように変化するのか詳しくは知りませんが，実感としては午前中よりは夕方のほうが，ずっと混んでいるように思います．そのうえ，曜日などによる変化も，きっと無視できないでしょう．店のほうはそれに合わせて，10 カ所以上もあるレジのうち数カ所だけを開けたり，全部を開けたりして対応しています．

従業員のやりくりは店長や現場の責任者にとって，たいへんなご苦労だろうと思います．あらかじめどのような計画をたてて，パートやアルバイトを頼んだりしているのでしょうか．かなりの期間にわたって試行錯誤をくり返しながら，経験的に答えを出していくのかもしれません．

こういう場合，曜日や時間によって変化する最適のレジの数を算出するには，モンテカルロシミュレーションに頼るほかありません．客の到着密度が変化したり，レジの数が不連続に変わったりす

6. コンピュータ・シミュレーション

るようでは，理論計算ができないからです．そして，モンテカルロするにしても，とても手作業では歯が立ちません．作業そのものは124ページの図4.7と同じようなものですから，決してむずかしくはありません．しかし，何時から何時まではいくつのレジを開けるのかについての多数の組合せについてシミュレーションを行ない，その結果を比較して最適のものを選ばなければなりませんから，作業量がぼう大すぎるのです．

作業が単純で作業量がぼう大なら，当然，コンピュータの出番です．曜日ごとの客の到着と購入品数のパターンのデータは揃えてやる必要がありますが，あとは1本のプログラムでレジの開き方をつぎつぎに変化させながら，行列の長さや待ち時間などをアウトプットしてくれるはずです．このように，モンテカルロシミュレーションをくり返しながら最適値を探すような場合には，どうしても作業量が多くなりますから，コンピュータが必須の道具となります．

モンテカルロシミュレーションは，第4章で2，3の例をご紹介したように，πの値を求めたり，定積分の値を求めたりするような確定的*な問題の解決に使われることも少なくはありませんでした．しかし，コンピュータの演算速度が増大するにつれて，確定的な問題は数値計算で解けるようになったため，モンテカルロ法の出番は減少しました．

その代わり，確率的な問題を解決する手段としてのモンテカルロシミュレーションの役割は，今でもきっちり果たしてくれていま

---

*　確定的(deterministic)は確率的(stochastic)の対語として使われる用語です．日本語の感じでいうと「決定論的」というほうが誤解がないかもしれません．

す．原子レベル以下の挙動は，アインシュタイン博士の「神がサイコロをふるとは思えない」との言葉にもかかわらず，確率的であるとして処理しなければならないことが多いので，素粒子に関する基礎研究や原子力利用のためには，モンテカルロ法は欠かせない道具です．

このほか，モンテカルロ法は金融工学の分野で特によく使われていて，価格評価やリスク評価のための必須の手法と言われています．また，生物の出生・生殖・死滅の過程，急性伝染病の伝播の過程，ネットワークの信頼性診断など，幅広い分野で活躍中です．

もうひとつ，ゲームには確率的なルールを伴うものが多いので，ゲームとモンテカルロ法との結びつきにも注目しなければなりません．つぎの節で，その一例をご紹介しようと思います．

シミュレーション・ゲーム

第1章でウォーゲームの話をしたことかありました．そのときは，地図の上に置かれた駒を動かし，敵と味方の駒が遭遇するとサイコロをふって勝ち負けを決めたりしました．現在でも，このような古典的なウォーゲームがまったく行なわれないわけではありませんが，ほぼコンピュータを媒介にして行なわれるようになりました．

だいいち，実戦の指揮の仕方がすっかりさま変わりしてしまったのです．第二次世界大戦のころまでは，艦隊の司令官や艦長は危険ではあるけれど展望のきく艦橋に立ち，自ら双眼鏡で戦況を確認しながら指揮をしていました．しかし，いまでは，艦内の指揮所で画

面に表示される敵・味方の艦の位置や，レーダー，電波傍受，水中音波探知などさまざまな手段によってもたらされてコンピュータ処理された，たくさんの情報を睨みながら指揮しています．

防空作戦の指揮は，もっと徹底しています．指揮所では正面の椅子に司令官が座り，司令官の左右には作戦，情報，装備などの専門幕僚が並びます．そして，数十人の隊員がレーダースコープやコンピュータ，通信機器などを操作します．

敵と味方の飛行機の位置，飛行方向，高度などを表示するモニターがあり，味方の戦闘機や迎撃ミサイルがどの基地になん機どのような状態で待機しているとか，レーダー基地や滑走路の被害状況や各地の天気など，多くの情報がひと目で読み取れます．また，どの基地に燃料や弾がどのくらい残っているか，パイロットや整備員の状態はどうかなど，こまかな情報を瞬時に取り出すことができます．

しかし，いくら上等なシステムが整備されていても，問題は，これらを存分に使いこなし，瞬時に最適な判断を下して全軍を指揮する司令官とそれを補佐する幕僚の能力です．ジェット機は1分で20kmも進行するので，判断と決断の遅れは，防空作戦にとって致命的です．

そこで，判断能力や指揮能力を鍛えるために指揮所だけの訓練が頻繁に行われます．これはCPX（Command Post Exercise）と呼ばれ，実動部隊はいっさい使わないコンピュータ・シミュレーションによる演習です．CPXに使われるホストコンピュータに入力されているデータは，非常に詳細で，かつ膨大なものです．このデータには，自軍はもとより，仮想敵国のものも存在しています．これ

らの定量データをフル活用して，敵味方の部隊が戦うのです．このシミュレーション結果が実際に起こった戦争と大差なかったため，CPX を超リアルシミュレーションと呼ぶ方がいるくらいです．

さて，ここまで読み進めていただいた読者の中には，「これは訓練だから，この節の「シミュレーション・ゲーム」というタイトルに偽りありでは？」と，疑問をもたれた方もいらっしゃると思います．

ゲームという言葉には娯楽性を追うようなニュアンスがありますから，そう思われるのは当然でしょう．しかし，ゲームを「利害関係をもつ者が一定のルールのもとで行なう競争的な行為」とでも解釈するなら，* 自然界における種の保存を賭けた生存競争から国家間の戦争，企業どうしの角逐，個人間の出世争いなど，すべてゲームであるとみなすことができるでしょう．したがって，世の中の推移を見積もったり，自らの保全を計ったりするためには，社会現象をゲームとして把え，その構造を見きわめて勝敗のゆくえを判断することが，絶対に必要になります．それを手助けする科学がゲーム理論です．

ところが，実社会で起こるゲームの中には，ゲーム理論で見事に割り切れるものもありますが，ゲーム理論によっても要領を得ない難題も少なくありません．たとえば，ジレンマ・ゲームなどがそうです．このとき，解決の手掛かりを与えてくれるのがシミュレー

＊ OR ではゲームという用語を直接には定義していませんが，だいたい本文の「　」内のような意味で取り扱っています．ただし，ゲームには人間以外の天候や機械などが参加することがありますから「互いに利害関係をもつ者どうしが……」とはしませんでした．

ションです．シミュレーションをすれば問題のすべてが解明できる
わけではありませんが，とにも角にも一応の答を得ることができる
ので，少なくとも一歩は前進できるにちがいありません．*

なお，娯楽性の高いシミュレーション・ゲームとしては，育成シ
ミュレーション・ゲームと呼ばれるものが，その代表と言っていい
でしょう．ひところ大ヒットした「たまごっち」のような架空の生
き物を育てたり，競走馬を育てたり，プロ野球チームやプロサッ
カーチームを強くしたりなど，いろいろなタイプのゲームがありま
す．

また，実機シミュレーション・ゲームと呼ばれるものも昔から人
気があります．ドライビングシミュレーション・ゲーム，鉄道シ
ミュレーション・ゲーム，フライトシミュレーション・ゲームなど
が，その代表でしょうか．

さらに，経営陣の能力向上や将来の幹部候補生の育成を目的とし
て，そこに娯楽性も加味した経営シミュレーション・ゲームと呼ば
れるものもあります．

シミュレーションの効用

この本も，どうやら終局を迎えたようです．第1章以来，いろい
ろなタイプのシミュレーションをご紹介してきましたが，今後ます
ます，コンピュータを使うシミュレーションのウェイトは大きく
なっていくことでしょう．パソコンの普及がめざましく，手軽にコ

─────────────
＊　ゲーム理論，ジレンマ・ゲームなどについては『ゲーム戦略のはなし』
　を参照していただければ幸いです．

ンピュータを使えるようになってきたこと，スーパーコンピュータの能力がいままで不可能とされていた計算を可能にしたことなどによって，コンピュータ・シミュレーションの活躍の場は広がる一方です．こういう見通しを踏まえたうえで，最後にシミュレーションの利点と限界を整理しておこうと思います．まず，利点から列挙してみましょう．

(1)　現実には許されないことが実験できます．実社会への影響が大きすぎたり，危険すぎたり，人道的に認められないなどの理由で実験が許されないテーマがたくさんありますが，シミュレーションなら問題ありません．ダムの決壊でも東京上空での核爆発でも，なんでも実験してみてください．私の友人に，中国山脈を削った土砂で瀬戸内海を埋めてしまえば，温暖で肥沃な大平原ができると壮大な夢を抱いている男がいましたが，ほんとうに温暖な気候になるのかシミュレーションしてみたいところです．

(2)　実験の条件が自由に選べます．時間的にいえば冬でも夏でも昼でも夜でも，空間的には上空1万mでも水深千mでも，また，温度は10万度でも零下273度でも，200 km/時の衝突速度でも年50％のインフレでも，現実には容易に作り出せないような条件を苦もなく作り出すことができます．また，条件を少しずつ変えて多様な組合せで実験ができます．

(3)　シミュレーションの速さはリアルタイムばかりとは限りません．スローモーション，早送り，巻戻し，リプレイ，なんでもありです．関心のある部分だけを取り出して克明に観察できるのも，特長の1つでしょう．

(4)　どんな実験をしようとも，実験はコンピュータの中や机の

6. コンピュータ・シミュレーション　　*225*

上で行なわれているだけですから，現実の社会システムへはなんの影響も及ぼしません．実害ゼロです．もっとも，シミュレーションの結果が公表されると社会システムに影響を与えることがあります．この点については後で補足します．

　(5)　多くの場合，シミュレーションは非常に安上りです．防空システム，交通システムのような巨大なシステムを動員して実験を行なう場面を想像してください．たちまち数億円はおろか，数十億円単位の経費が発生してしまいます．それに較べれば，シミュレーションの経費はたかが知れています．巨大なシステムを建設したり，改善するに先立ってシミュレーションを行なうことが多いのは，当然といえるでしょう．

　(6)　シミュレーションは時間の節約にも威力を発揮します．巨大システムを動かしながら少しずつ条件を変えて実験を繰り返すには長期間を要しますが，シミュレーションなら，いちどセットしてしまえば短時間のうちになんべんでも実験を繰り返すことができます．

　(7)　時間的に将来に向かうシミュレーションの結果は，そのまま予測と同じ意味を持ちます．反対にいえば，将来の予測のためにシミュレーションは有効な手法のひとつです．

　(8)　コンピュータ・シミュレーションは未知への挑戦の重要なツールです．そんな中，注目するのはコンピュータ上に仮想地球を作り出す地球シミュレータです．近年，地震や豪雨などによる大規模災害が後を絶ちません．局所的な台風の進路予測や集中豪雨の予測はもとより，地球温暖化のような長期的な気象予測，地震の発生する過程など地殻変動の解明に利用されています．この(8)が，シ

ミュレーションの最大の特長と評価していいと思います.

シミュレーションの限界

前節ではシミュレーションの利点を書き並べてきましたが，シミュレーションとて万能ではありません．こんどは，シミュレーションの限界を列挙していきましょう.

（1）　人間がからんだシミュレーションでは，人間の精神状態が実際の場合と同じにならないため，正確なシミュレーションができない場合があります．飛行訓練用シミュレータでは，パイロットが死の恐怖を感じないし，ジレンマ・ゲームのシミュレーションでは，プレイヤーの欲望や恐怖が切実ではありません．そのため，そのぶんだけシミュレーションに誤差が生じるように，です.

（2）　シミュレーションに際して取り入れたい要素であっても，なんらかの理由で採用できないことがあります．実際の飛行のときにパイロットにかかる大きな G（加速度）を，飛行訓練用シミュレータで模擬することが技術的に困難であるように，です.

（3）　社会現象ではモデル作りが非常にむずかしいため，シミュレーションにまで持ち込めないことが少なくありません．多くの仮説を設け，大胆にモデルを作ってシミュレーションをしたとしても，モデルの正しさを検証する術がなく，シミュレーションの結果に価値があるか否かの判断ができないことが多いのです．もっとも，これはシミュレーションという技法の責任ではなく，社会現象の複雑さのせいなのですが…….

以上のようなことが，シミュレーションの実力の限界ではないで

6. コンピュータ・シミュレーション

しょうか．最後に，長所とも欠点ともいえるシミュレーションの効果について付記したいと思います．

3ページほど前に，シミュレーションはコンピュータの中や机の上で行なわれているだけなので，現実の社会システムへは影響を及ぼさず，実害はゼロ，と書きました．しかし，シミュレーションの結果が公表されると社会システムに大きな影響を与えることがあります．

国会議員の選挙の前には，新聞やテレビが独自にシミュレーションを行なって当落の予想を発表することが多いのですが，それが有権者の心理に微妙に影響し，優勢と予想された候補者の票が当落線上の候補者へと流れるのだそうです．候補者にとっては，悲喜こもごもの予想記事です．

もっとも劇的なのは，ローマクラブ*が行なった人類の存亡に関するシミュレーション結果でしょう．ローマクラブは，世界の人口，資源，汚染などについてのシミュレーションを行ない，1972年に『成長の限界』という報告書を発表しました．それによると，いままでのように幾何級数的な人口と経済の成長をつづけると，21世紀には地球は破滅的な事態に至る可能性が大きい，というのです．21世紀の半ばから死亡者が急カーブで上昇するなどのシミュレーション結果で裏づけられていたので，この報告書は世界中に衝撃を与えました．

この衝撃のおかげで，世界の多くの人たちが人口の抑制，環境対

＊　ローマクラブは，「地球の有限性」という共通の問題意識をもつ世界各国の有識者が集まった団体で，1968年にローマで結成されました．日本からも数名の有識者が参加していて，名古屋に日本支部が置かれています．

策，資源の節約などに目覚め，各種の施策がなされました．その結果，このシミュレーション結果は大きく外れることになりそうなのです．シミュレーションの大手柄ではありませんか．

もちろん，この手柄はシミュレーションに差し上げるよりも，予測とその発表に上げるのが本当でしょう．しかし，前にも書いたように，将来へ向かってのシミュレーションは，予測と同じ意味を持っています．これからも人類の幸せを支えるうえで，シミュレーションが重要な役割を果たしてくれることを期待したいものです．

日本は技術大国だといわれます．2017年には，研究開発のために19.5兆円もの投資をしています．この金額は，アメリカ，中国についで世界第3位ですから，技術大国であることには私も異論はありません．けれども，日本は技術先進国とは言えないと私は思っています．その理由は，つぎのとおりです．

なぜなら，日本がもっとも得意とする分野は生産・加工に関する技術であり，これに較べて基礎技術のほうは見劣りするからです．これは，経済的な即効性の薄い基礎研究は後まわしにして，ひたすら良質の製品を大量に生産して稼ぎまくろうという，NIES（新興工業経済地域）の性格から脱皮しきれていないことを示しています．

このほかにも，研究者の数や処遇，発表された技術論文の数など，日本が技術先進国とは呼べないことの傍証はたくさんあります．こういう理由で，日本は技術大国ではあるけれど，技術先進国であるとはいえないと思っています．日本の技術が突出した部分だけに目を奪われて，日本が技術力を武器にアメリカや他の先進諸国をコントロールできるとはしゃぐ一部評論家もいますが，とうてい正しいとは私には思えません．

6. コンピュータ・シミュレーション

　さらに，日本が良質の製品を大量に売りまくって経済的な大躍進を遂げた裏には，生産・加工技術の優位性のほかに，労働者の勤勉さと低賃金があったことも忘れてはなりません．ところがいまでは，勤勉さは欧米の先進国なみに低下し，賃金の優位性は，中国に大きく劣ります．単純な生産・加工を舞台に経済戦を繰り広げても，もはや日本に勝ち目はありません．日本の生きる道を技術立国に見出すなら，研究開発に投資して，基礎技術で世界の優位に立つ必要があるのではないでしょうか．

　日本の基礎技術が遅れをとっている理由はいろいろありますが，なんといっても，国の投資が少ないことを筆頭に上げなければなりません．日本を除く主要国では，研究開発費の20％以上もを国が負担しているのに，日本では15％くらいです．最も割合の高いフランスでは35％を越え，中国はもちろん，韓国，台湾でさえ，20％を越えているのです．企業が投資をするときには，いくら基礎研究の重要さを認識していても，やはり商品に直結する研究開発に偏ることは避けられないため，国の投資が少なければ，国全体として基礎研究がおろそかになる理屈です．

　他の先進国では，研究開発への国の投資のかなりの部分が，軍事技術に割かれています．逆にいうなら，軍事に役立ちそうな基礎技術に国が多額の投資をするため，結果的に研究開発への国の投資が多くなっている気配が濃厚です．ここに，防衛技術への投資が，国の研究開発費の1％を少し越えたぐらいの日本と決定的な差があります．日本は防衛費を切り詰めて世界に冠たる経済発展をなし遂げましたが，その余波が，基礎技術の貧弱さとなって現われていると言えないこともありません．

日本が防衛費を切り詰めて豊かな国造りに成功したことは，どちらかといえば誇るべき選択であったでしょう．けれども，その余波として生じた基礎技術の貧弱さのほうを放置しておいたのでは，日本の将来は暗闇です．なんとかしてもらわなければなりません．基礎研究に対する国の投資を思いきり増加するとか，人材確保のための政策を講じるとか，税法上の優遇措置をとるとか，多角的に基礎研究の振興を計っていく必要があります．

　かれこれ10年ぐらい経つでしょうか．「2番じゃダメなんですか？」と，のたまわった国会議員の先生がいました．資源のない日本が技術大国を目指すのは当然のことで，まず，1番になろうとする努力は，とても重要です．そして，1番になることでさまざまな需要が生まれ，また優秀な研究者も集まります．この先生をはじめとする時の政権が行ったコストにだけ目を奪われた事業仕分けの結果，後にノーベル賞を受賞するiPS細胞の研究や，世界初の快挙を成し遂げる「はやぶさ2」などの予算が，軒並み大幅に削られました．

　こんなことが2度とあってはいけないと思います．技術立国の支えとなるような基礎研究の進歩を促し，日本の将来に光明をもたらしてくれるような政策を国に期待したいものです．

　やや我田引水の結言になってしまいましたが，きわどい話題で開けた「シミュレーションのはなし」の幕を，これで締めさせていただきます．どうも，ありがとうございました．

付　録

付録(1)　88 ページの乱数の χ^2 検定

　88 ページで私たちが作った 24 個の乱数について，数字の出現回数に癖がありはしないかと検定をしてみました．出現回数の喰い違いの大きさを示す χ^2 の値を求めてみたところ，表 1 のように 11.83 でした．いっぽう，χ^2 分布表によると，自由度 9 の場合

　　　χ^2 の値が　16.92　より大きくなる確率は　　5%

　　　χ^2 の値が　14.68　より大きくなる確率は　10%

　　　χ^2 の値が　11.39　より大きくなる確率は　25%

です．したがって，出現回数にこの程度のむらが生じることは珍しいことではなく，私たちの乱数に癖があるとはいえない，という結論になります．

　なお，χ^2 検定については『統計のはなし【改訂版】』の 214 ページを見ていただければ幸いです．

表 1

数字	出現数	平均値	その差	(その差)^2
0	3	2.4	0.6	0.36
1	2	2.4	-0.4	0.16
2	6	2.4	3.6	12.96
3	5	2.4	2.6	6.76
4	1	2.4	-1.4	1.96
5	2	2.4	-0.4	0.16
6	1	2.4	-1.4	1.96
7	2	2.4	-0.4	0.16
8	1	2.4	-1.4	1.96
9	1	2.4	-1.4	1.96
				計 28.40

$x^2 = 28.40/2.4 \fallingdotseq 11.83$

付録(2) ビュフォン(Buffon)の針

h の間隔で並んだたくさんの平行線のうちの1本を x 軸に選び,それと直交する y 軸を引きます.針の左端が落ちる位置は x 方向に関して均等ですから,針の左端を y 軸上に固定して考えます.また,針の左端がどの平行線の間に落ちるかの確率も均一ですから,針の左端の y 座標は

$$0 \leq y < h \tag{1}$$

の範囲に限定します.さらに,針の右端が y 軸の右にくるか左にくるかは五分五分ですから,右にくる場合だけを考え,また,図1の θ はプラス側とマイナス側が対等なので

$$0 \leq \theta \leq \frac{\pi}{2} \tag{2}$$

の範囲に限定しましょう.

そうすると,長さ l の針が平行線と交わるためには

$$h - l\sin\theta \leq y \leq h \tag{3}$$

でなければなりません.

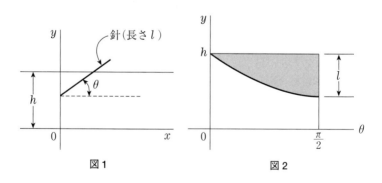

図1　　　　　図2

これで準備完了です．無作為に落とされた針の位置は，y と θ に関して均一です．そこで，図 2 のように，横軸に θ，縦軸に y をとった直交座標を考えると，針の位置は式(1)と式(2)で決まる長方形の中に均一に存在することになり，この長方形の面積は

$$\frac{\pi}{2} \times h \tag{4}$$

です．いっぽう，針が平行線と交わるための条件式(3)を満足する部分は，図 2 に薄ずみを施した範囲であり，その面積は

$$\int_0^{\frac{\pi}{2}} l \sin\theta \ d\theta = l \left[-\cos\theta \right]_0^{\frac{\pi}{2}} = l \tag{5}$$

です．したがって，針が平行線と交わる確率は式(5)を式(4)で割って

$$p = \frac{2l}{\pi h} \tag{6}$$

となります．針の長さ l が平行線の幅 h の1/2なら

$$p = \frac{1}{\pi} \tag{7}$$

です．本文の式(4.12)の場合は

$$r/n \fallingdotseq p \tag{8}$$

ですから

$$n/r \fallingdotseq \pi \qquad\qquad \text{(4.12)と同じ}$$

が成立することになります．

234

付録(3)　お見合い作戦のモンテカルロシミュレーション

　私は，表2のように，5種類の作戦モデルを作ってみました．また，こちらがOKしたのに相手から断わられる確率を表3のように設定しました．少し甘いかな？

　モンテカルロシミュレーションは，つぎのように行ないました．Aエースから10までのトランプを準備し，その数字をそのまま相手の点数とみなします．カードをよく混ぜてから1枚ずつめくり，作戦モデルのルールに従って「見送る」か「決める」を選択します．「決める」となったときには

表2　5種類の作戦を立てる

〔速決型〕	1人め	見送る
	2, 3, 4人め	それまでの最下位でなければ決める
	5, 6人め	それまでの4位以内なら決める
	7, 8人め	それまでの5位以内なら決める
	9人め	それまでの6位以内なら決める
	10人め	決める(他の作戦でも同じ)
〔性急型〕	1, 2人め	見送る
	3人め	それまでの1位なら決める
	4, 5人め	それまでの2位以内なら決める
	6, 7人め	それまでの3位以内なら決める
	8, 9人め	それまでの4位以内なら決める
〔妥協型〕	1, 2, 3人め	見送る
	4人め	それまでの1位なら決める
	5, 6, 7人め	それまでの2位以内なら決める
	8, 9人め	それまでの3位以内なら決める
〔慎重型〕	1, 2, 3, 4人め	見送る
	5, 6, 7人め	それまでの1位なら決める
	8, 9人め	それまでの2位以内なら決める
〔優柔型〕	1, 2, 3, 4, 5人め	見送る
	6, 7, 8, 9人め	それまでの1位なら決める

付　　録　　　*235*

表3　相手の諾否のシミュレーション・モデル

相手の点数	ふられる確率	乱数サイの目による判定
1, 2	0%	どれでも，ふられない
3, 4	10%	0なら，ふられる
5, 6	20%	0, 1なら，ふられる
7, 8	30%	0, 1, 2なら，ふられる
9, 10	40%	0, 1, 2, 3なら，ふられる

乱数サイをふり，相手にふられなければ実験を終了して相手の点数を記録，ふられたら実験を続行します．

　このような実験を5種類の作戦モデルについてそれぞれ100回ずつ行ない，その結果を整理したのが表4です．「お相手にありつけなかった割合」は，10人めの相手にふられてしまった場合の割合です．どの作戦をとるかは人生観の問題ですが，どうやら，あまり急がないほうがよさそうですね．

　シミュレーションの細かい手順は『ORのはなし【改訂版】』を参照してください．

表4　お見合い作戦のシミュレーション結果

作戦の種類	獲得した相手の平均点数	最高の相手を得た割合	最低の相手を摑んだ割合	相手にありつけなかった割合
速　決　型	6.9	15%	0%	0%
性　急　型	7.2	15%	2%	1%
妥　協　型	7.7	27%	2%	4%
慎　重　型	7.5	28%	5%	9%
優　柔　型	6.3	23%	10%	16%

付録(4) 乱数表

82	17	58	07	13	26	38	62	62	56	22	92	72	96	92	62	44	47	64	83	56	94	89	47	13
69	66	26	16	43	86	75	86	88	63	64	77	31	24	76	30	80	07	07	65	78	14	03	50	53
41	04	41	73	40	01	35	84	58	41	95	38	02	11	08	11	77	55	82	17	68	77	76	75	30
01	63	01	31	20	11	82	47	97	73	98	93	74	47	37	43	97	30	05	55	91	00	89	77	19
98	41	59	65	44	93	11	47	83	69	05	35	28	32	03	58	30	25	27	22	56	08	00	58	65
53	77	68	61	75	19	00	44	35	71	66	66	95	79	42	64	33	42	12	11	20	03	66	50	45
38	51	98	64	93	96	81	88	14	11	83	98	57	92	02	54	80	82	84	24	25	31	41	10	70
38	83	40	17	89	29	89	10	27	08	86	43	25	28	88	72	68	47	96	61	96	01	72	81	06
77	33	57	83	23	40	17	83	88	02	98	50	71	60	03	13	83	27	51	41	71	74	40	87	41
96	14	93	92	44	36	75	73	69	22	01	87	05	76	51	14	88	28	74	94	17	18	99	28	99
38	04	41	67	59	03	55	68	38	54	11	12	93	98	61	15	11	29	05	25	23	01	30	78	38
21	23	58	70	95	99	50	40	03	93	47	93	87	90	82	17	60	74	20	24	72	94	79	97	90
08	86	15	62	05	67	22	94	25	82	12	49	29	99	12	41	03	00	84	88	44	77	17	60	71
78	16	53	34	42	87	45	81	20	38	32	62	72	10	67	35	40	44	45	49	40	17	58	60	38
41	23	52	65	31	54	74	56	18	95	05	27	20	13	26	56	54	69	66	42	33	39	52	74	65
21	44	48	61	89	25	66	91	98	39	46	91	44	21	18	52	35	96	11	29	00	68	28	84	16
91	37	67	85	35	16	78	80	84	87	72	05	00	98	14	55	00	90	83	33	60	95	69	38	03
44	81	96	15	88	38	10	40	74	63	06	93	06	72	34	38	27	69	71	60	14	26	56	89	27
58	32	77	24	85	69	03	87	10	52	63	32	84	64	71	84	70	05	31	93	29	16	31	42	39
34	71	09	36	65	73	70	71	38	59	42	41	76	40	53	74	53	62	78	50	15	33	05	22	54
29	14	40	19	23	05	95	79	08	84	12	64	70	04	42	32	61	23	62	39	41	29	10	53	44
73	62	04	72	85	31	31	78	81	32	91	70	32	21		38	81	66	39	95	33	91	67	95	48
80	21	65	16	04	83	91	05	57	98	15	29	94	19	15	80	42	61	47	37	48	83	40	41	62
76	91	63	57	45	78	23	23	44	57	16	43	37	67	30	07	23	11	74	96	22	85	89	39	81
80	11	09	20	44	55	99	45	38	87	02	23	87	44	81	15	70	03	65	97	60	63	04	64	42

```
56 15 07 26 23   03 20 27 68 53   52 23 56 99 08   38 16 66 94 90   93 27 29 85 52
66 57 11 72 47   49 99 75 81 49   11 33 01 53 46   48 84 62 51 07   38 48 37 84 61
18 70 75 69 83   27 42 08 42 32   98 09 18 30 08   50 43 88 29 16   41 52 51 74 18
80 01 74 84 64   85 60 18 90 05   04 89 02 21 99   66 08 34 08 51   76 98 69 45 68
73 09 21 10 26   42 76 96 96 67   38 31 80 14 95   85 24 21 21 98   59 64 81 65 55

51 10 26 95 56   14 57 33 37 48   40 89 46 24 36   96 76 09 00 19   69 54 06 09 53
76 86 54 99 70   94 22 80 66 42   98 99 68 17 57   58 82 15 79 48   03 57 64 62 35
59 58 40 46 54   75 46 74 70 53   27 08 91 73 59   38 40 46 81 13   68 45 90 02 87
76 78 86 82 37   92 71 64 35 88   73 84 41 37 88   64 23 23 72 03   79 91 71 30 04
80 58 54 62 80   94 10 14 54 26   86 37 72 29 78   13 56 65 62 38   56 59 90 27 29

69 30 74 71 17   02 37 55 92 73   33 14 21 87 08   12 77 97 29 42   94 47 82 27 22
08 20 69 34 34   60 92 83 45 49   66 38 31 51 48   57 02 11 40 22   15 25 88 06 57
37 80 04 15 14   30 67 06 45 66   00 77 11 19 38   14 97 87 82 26   45 14 85 99 20
81 45 72 59 90   57 50 22 04 27   53 23 00 49 15   49 27 83 13 33   93 64 64 36 77
23 03 76 70 82   29 35 94 85 13   68 46 89 22 46   24 01 96 27 73   96 00 88 65 16

73 39 18 51 24   23 89 51 91 16   26 52 05 39 87   61 49 26 75 81   35 89 21 99 48
91 28 53 00 70   16 18 39 81 82   09 86 94 36 23   17 15 51 37 23   68 14 64 93 74
46 82 06 04 38   20 67 31 59 26   39 77 23 24 13   14 06 87 09 13   00 30 38 38 05
81 15 86 25 86   07 58 60 18 93   52 23 04 59 81   61 82 17 08 81   91 90 66 67 39
43 77 34 49 86   98 20 99 18 81   92 46 75 32 60   84 60 96 09 60   57 26 23 36 11

67 26 67 28 42   03 30 79 21 30   73 85 83 99 12   42 12 89 70 86   64 25 58 00 80
38 25 56 88 83   92 02 54 80 38   51 66 56 77 51   75 48 11 37 18   79 81 36 25 93
90 15 30 77 30   47 72 29 66 14   40 96 25 45 96   51 40 71 47 49   63 43 30 38 92
61 53 95 73 24   87 94 87 35 18   59 18 82 99 75   80 55 80 89 73   10 74 47 86 85
85 59 27 83 53   19 80 44 68 77   86 86 73 88 75   98 06 98 65 01   77 78 86 79 60
```

出典）　森口繁一・日科技連数値表委員会（編）：『新編　日科技連数値表――第2版――』，p.38，日科技連出版社，2009.

著者紹介

大村　平（工学博士）

1930年　秋田県に生まれる
1953年　東京工業大学機械工学科卒業
　　　　防衛庁空幕技術部長，航空実験団司令，
　　　　西部航空方面隊司令官，航空幕僚長を歴任
1987年　退官．その後，防衛庁技術研究本部技術顧問，
　　　　お茶の水女子大学非常勤講師，日本電気株式会社顧問，
　　　　(社)日本航空宇宙工業会顧問などを歴任

シミュレーションのはなし【改訂版】
—転ばぬ先の杖—

1991年8月30日　第1刷発行
2005年2月4日　第3刷発行
2019年9月26日　改訂版第1刷発行

著　者　大　村　　　平

発行人　戸　羽　節　文

発行所　株式会社 日科技連出版社

検　印
省　略

〒151-0051　東京都渋谷区千駄ヶ谷5-15-5
DSビル
電　話　出版　03-5379-1244
　　　　営業　03-5379-1238

Printed in Japan

印刷・製本　河北印刷株式会社

© *Hitoshi Ohmura 1991, 2019*
ISBN 978-4-8171-9679-8
URL http://www.juse-p.co.jp/

本書の全部または一部を無断で複写複製(コピー)することは，著作権法上での例外を除き，禁じられています．